똥이 밥이다

에코브리핑1
## 똥이 밥이다

지은이 / 김성균·최광수·최훈근·이해일·김재일
펴낸이 / 강동권
펴낸곳 / (주)이학사

1판 1쇄 발행 / 2012년 6월 15일
1판 2쇄 발행 / 2013년 1월 15일

등록 / 1996년 2월 2일 (등록번호 제 03-948호)
주소 / 서울시 종로구 안국동 17-1 우 110-240
전화 / 02-720-4572 · 팩스 / 02-720-4573
이메일 / ehaksa@korea.com

© 김성균·최광수·최훈근·이해일·김재일, 2012, Printed in Seoul, Korea.

ISBN 978-89-6147-162-6 04300
      978-89-6147-161-9 04300(세트)

이 책의 저작권은 저자가 가지고 있습니다.
저작권법에 의해 보호를 받는 저작물이므로 이 책 내용의 일부 또는 전부를 재사용하려면
저작권자와 (주)이학사 양측의 동의를 얻어야 합니다.

이 책은 환경보호를 위해 재생종이를 사용하여 제작하였으며
한국간행물윤리위원회가 인증하는 녹색출판 마크를 사용하였습니다.

이 책의 인세 일부는 안양시 만안구에 있는 '달팽이 지역아동센터'에 기부됩니다.

* 책값은 뒤표지에 표시되어 있습니다.

이 도서의 국립중앙도서관 출판시도서목록(CIP)은 e-CIP 홈페이지(http://www.nl.go.kr/ecip)와 국가자료공동목록시스템(http://www.nl.go.kr/kolisnet)에서 이용하실 수 있습니다.
(CIP제어번호: CIP2012002181)

# 똥! 이 밥이다

에코브리핑 1

김성균 | 최광수 | 최훈근 | 이해일 | 김재일 지음

이학사

## 책을 내면서

　우리는 먹고 마시는 일에는 많은 노력을 한다. 그 이유는 간단하다. 즐겁게 잘 놀기 위해서다. 그러나 먹고 마신 다음의 일에 대해서는 많은 노력을 기울이지 않는다. 그 이유 역시 간단하다. 냄새나고 더럽다고 생각하기 때문이다. 우리는 똥이나 뒷간을 겨우 배설의 단계 정도로 생각한다.
　이 책은 우리가 배설의 단계 정도로 생각하고 있는 똥과 뒷간을 지속 가능한 실천사회학의 관점에서 다룬다. 이 책은 정토회 에코붓다를 중심으로 시작된 생태공동체공부모임이 생태 뒷간을 공부한 결과를 엮은 것이다. 이 모임은 똥과 뒷간에 대한 이론을 학습하고 그리고 생태 뒷간으로 유명한 사찰과 생태 마을 뒷간을 찾아다녔다. 그리고 공부 모임 멤버의 일부는 유럽의 생태 공동체를 탐방하면서 생태 뒷간을 집중적으로 답사했다.

이 책은 전체 4장으로 구성되어 있다.

1장에서는 우리가 늘 일상적으로 대하는 밥에 대하여 생각해본다. 기독교의 성만찬 그리고 불교의 발우 공양에서 밥의 의미를 생각해보고, 종교적 관점에서 똥을 바라보는 단상을 정리했다.

2장에서는 똥과 생태 뒷간을 다루었다. 인간이 똥을 대하는 자세, 시골과 도시에서 똥을 대하는 차이점 그리고 전통 뒷간의 유형과 의미를 살펴보았다.

3장에서는 대표적인 생태 뒷간 유형 중 하나인 사찰 해우소를 조명했다. 한국의 대표적인 해우소들과 함께 해우소의 역사, 건축, 생태성 등을 살펴본다.

4장에서는 생태 뒷간을 답사한 기록을 담았다. 한국의 생태 뒷간으로는 2004년에 방문한 남원의 실상사 뒷간, 지금은 실상사 작은학교로 변한 당시 지리산생명문화원 뒷간, 산청의 안솔기 마을 뒷간, 선암사 뒷간을 집중적으로 다루었다. 또 유럽의 생태 뒷간을 직접 탐방한 기록도 담았다. 경상대학교 최광수 교수, 동학사 제량 스님, 동국대학교 대학원생 신명옥 씨, 그리고 경상대 학생 4명 등 모두 7명으로 구성된 유럽생태뒷간탐방팀의 탐방 기록이다.

　이 책 『똥이 밥이다』는 1장은 김성균, 2장 1, 2절은 최훈근과 이해일, 3, 4절은 김성균, 3장은 김재일, 4장 1, 2절은 최광수, 3, 4절은 이해일, 5절은 최광수가 썼으며, 김성균이 책임 편집을 하였다.

　이 책이 우리의 뒷간 문화를 자연 친화적, 생태적으로 다시 한번 생각할 수 있는 기회를 마련해줄 수 있기를 바란다.

2012년 5월
지은이 일동

차례

책을 내면서 5

들어가는 말_똥이 밥이다 11

**1장 밥, 똥 그리고 생태 공동체** 18
  1. 밥이 생명이다 18
  2. 똥도 생명이다 25
  3. 밥과 똥의 하나 됨 그리고 생태 공동체 29

**2장 똥과 생태 뒷간** 33
  1. 똥과 인간 33
  2. 삶의 공간, 똥 그리고 자연 38
  3. 뒷간에 대한 이해와 공동체 삶 49
  4. 전통 뒷간의 생태 공동체적 의미 54

**3장 사찰 해우소와 생태 뒷간 61**

  1. 해우소의 어원과 역사 61

  2. 해우소의 문화 66

  3. 전통 해우소 건축 74

  4. 해우소의 관리 88

  5. 그 밖의 전통 해우소들 98

**4장 생태 뒷간을 가다 104**

  1. 지리산을 품은 뒷간, 남원 실상사 104

  2. 솔바람 가득한 뒷간, 지리산생명문화교육원 110

  3. 똥오줌과 씨름하는 사람들, 산청 안솔기 마을 117

  4. 햇살 가득한 뒷간, 선암사 122

  5. 유럽의 생태 뒷간 130

나가는 말_순환하는 똥: 대안 사회 139

참고 문헌 149

**들어가는 말**
# 똥이 밥이다

### 수세식 화장실과 푸세식 뒷간

　수세식 화장실에서 볼일을 본 뒤 레버를 누르면 곧바로 내가 눈 배설물보다 몇 배나 더 많은 물이 나의 배설물을 씻어 내린다. 그리고 그 배설물은 금방 내 시야에서 사라진다. 그후 그 오줌과 똥은 정화조에 담겼다가 더 멀리 흘러가 분뇨 처리장에 모여 처리된다. 수세식 화장실에서 누는 오줌과 똥은 내 몸과 분리되는 순간 나와는 관계없는 그 머나먼 곳으로 보내지는 것이다. 이 수세식 화장실은 배설물을 많은 양의 물로 깨끗하게 처리하기 때문에 방이나 거실, 부엌과 나란히 붙어 있기도 하다.

그러나 푸세식 화장실은 다르다. 왠지 우리는 푸세식은 뒷간, 수세식은 화장실로 표현해야 어울린다고 생각한다. 사는 공간과는 좀 떨어져 집의 뒤뜰이나 한쪽 구석에 있기 때문에 이름도 뒷간이다. 이 뒷간의 오줌과 똥은 버려지는 것이 아니라 그 자리에서 삭아 밭으로 보내져 거름이 된다. 우리는 밭에서 나는 채소를 먹지만 이 채소는 우리가 눈 오줌과 똥을 먹고 자란다. 우리의 오줌과 똥이 바람과 물과 태양과 흙의 큰 에너지를 모아 입으로 다시 들어오는 순환이 반복된다.

푸세식 뒷간은 돌고 도는 우주 '순환의 세계관'과 자연의 원리에 순응한다. 그러나 반대로 수세식 화장실은 내 몸에서 분리된 오줌과 똥을 나와 관계없이 그대로 버려 어디론가 사라지게 한다. 그래서 수세식 화장실은 곧 '직선적 세계관'이 반영된 것이라고 볼 수 있다.

**수세식과 푸세식의 세계관**

직선적인 세계관은 시간이 직선적으로 흘러가며 사회와 역사의 변화 또한 직선적으로 성장 발전한다는 세계관이다. 그래서 우리는 이 흐름을 거꾸로 되돌릴 수도, 되돌아갈 수도 없는 불가역적(不可逆的)인 것이라고 생각한다. 직선적 세계관은 현재는 과거보다 좋고 미래는 현재보다 낫다고 생각하며, 이것을 진보라고 여긴다. 그리고 모든 나라를 가장 앞선 나라와 가장 뒤에 있는 나라를 양끝으로 줄을 세운다. 나라는 GNP로 서열이 매겨지며, 내 나라가 세계 몇 번째 순위인가가 중요하다. 국가의 개발과 발전의 목표는 바로 이 서열의 앞줄에 서는 것이다. 서열의 앞에 선 나라는 이른바 '선(先)'진국으로 불리고 뒤에 있는 나라는 '후(後)'진국으로 불린다. 선진국의 모든 것은 앞서 있고 우수하며 후진국의 모든 것은 뒤떨어져 미개하고 야만적이라고 생각한다. 따라서 이들 선진국의 거룩한 사명은 미개한 후진국에게 그들의 발전된 문명을 자비롭게 전도하고 이식시키는 것이며, 후진국의 미덕은 하루빨리 앞선 나라의 발전을 수용하여 그들의 발자국을 뒤따라가는 것이다. 오로지 물질적 발전, 경제성장이 절대적으로 유일한 가치척도가 되며 그 외의 모든 것은 무시된다. 이러한 서열의 선두에 서기 위해서는 국가, 집단 그리고 개인 사이의 경쟁이 필연적이며 또한 이 경쟁은 결국 대립과 분쟁, 전쟁으로 발전할 수밖에 없다.

이런 직선적 세계관에서는 경제성장을 위해 자연을 개조하고 변형시키거나 정복, 지배할 수 있는 능력이 곧 발전이며 성장의 척도가 된다. 자연과 더불어 살아온 전통과 자연 친화적인 생활양식을 갖고 있는 것은 미개한 것, 혹은 야만으로 치부되며

열등한 것으로 평가된다. 이러한 세계관에서는 문화마저도 경제적 우열에 의해 규정되어 발전된 국가의 모든 문화만이 수준이 높고 그렇지 못한 나라의 문화는 수준이 낮다고 간주된다. 하지만 어느 나라의 문화든 문화는 동등한 시간의 축적 속에서 서로 다른 형태로 발전해왔기 때문에 문화의 우열이란 있을 수 없다. 우열의 문화 인식은 결국 문화적 다양성을 인정하지 않는 사고이다.

### 만드는 문화와 버리는 문화

수세식 화장실은 똥은 '더럽다'는 생각에 기초한다. 수세식 화장실의 똥은 아무 가치가 없고 더럽기 때문에 없어지거나 사라져야 할 것인 반면에 푸세식 뒷간에서의 똥은 채소의 양분이 되는 거름으로 더없이 소중한 자원인 것이다. 예전에 시골에서 아이들이 남의 집에서 똥을 누고 오면 야단을 맞았던 것도 똥은 밭에서 거름으로 사용되는 소중한 자원이었기 때문이다.

음식 문화는 바로 '먹는 것'에 대한 문화이고 인류는 역사 속에서 먹는 문화를 풍성하게 개발해왔다. 각 민족의 수많은 조리 재료와 요리법, 서로 다른 식사 방법이나 예절, 다양한 형태의 음식점이나 그릇 모양은 모두 먹는 문화와 연관되어 있다. 우리 몸을 하나의 파이프로 생각한다면, 그렇게 요란하고 호화로운 음식이 바로 입이라는 파이프 입구에 모아져 미각에 즐거움을 주고는, 파이프 중간을 통과하면서 흡수되어 온갖 에너지원으로 분산된 뒤 파이프의 끝에서 밖으로 배출되는 것이다. 그런데 파이프의 앞 문화(음식 문화)는 다채롭게 발전되어 있지만, 파이프의 끝 문화(똥의 문화)는 소홀히 처리되거나 무시되고 있으며 파이프 앞의 문화에 비해 홀대받고 있다. 어느 건물이든 화장실(변소)을 보면 그 건물을 설계한 사람과 소유주, 살고 있는 사람의 기본 면모를 알 수 있다. 실제 자연계의 되먹임 순환 사슬에서 보면 들어오고 나감이라는 것을 따로 구분할 수 없다. 그러나 직선적 세계관에서는 똥을 나와 상관없는 아주 먼 곳으로 격리시킨다. 그렇지만 결국에는 똥이 다시 내게 돌아온다는 이치를 망각한 것이 인류의 어리석음이다. 생태계의 위기는 바로 이러한 무지에서 비롯된 것이다.

오늘날 쓰레기 문제도 이와 같다. 현대 문명은 생산하는 방식은 많이 개발하였지만 폐기하는 이치를 개발하지 않았다. 먹는 방법은 알지만 싸는 방법은 모르는 변비 문화인 것이다. 자연계에 버려야 할 쓰레기란 본래 없다. 어느 것이라도 단 1g이라도 에너지를 갖고 있으면 이용이 가능하기 때문이다. 그런데 오늘날 많은 것이 유용하고 사용 가능해도 쓰레기로 간주된다. 그리고 그 어떤 것도 당장에 소용이 없으면 미련 없이 버려진다. 버려지고 매립되면 다시 자연 속에서 소생되어 사용될 가능성이 없게 되는 것이다.

### 어리석음을 깨우는 새로운 각성, 생태적 세계관

환경주의를 넘어 생태주의나 생명운동을 굳이 말하려는 사람들은 바로 잘못된 자연관, 잘못된 역사 인식과 세계관이 어리석음의 근본 원인이라고 생각한다. 그리고 그것을 문제 삼는다. 생태적 각성이란 모든 것은 순환하고 윤회하며 돌고 돌아 결국 자신에게 돌아온다는 자연의 이치를 깨닫는 것이다. 생산자-소비자-분해자로의 흐름이 다시 생산자로 연결되어 끊임없이 돌고 도는 순환의 구조가 바로 자연이며 역사라는 것을 각성하는 것이다. 생태적 각성은 미망과 무지에서 비롯된 근대적 세계관의 치명적인 오류를 깨닫고, 새로운 눈뜸, 새로운 깨달음을 통해 이러한 근대적 세계관에 대한 인식을 근본적으로 바꿀 것을 강제하는 메시지다. 무한한 성장이란 결국 무한한 자원의 채굴과 이용이 보장되어야 하는데 우리가 살고 있는 '하나뿐인 지구'는 '무한'의 세계관을 도저히 수용할 수 없는 '유한'한 것이다. 이렇기 때문에 만약 모든 나라가 세계 최대 소비국인 미국

처럼 산다면 그것은 발전이 아니라 멸망으로 치닫는다는 것을 의미한다.

우리가 먹는 밥은 바로 내가 싼 똥, 건강한 똥에 의해 만들어진 것이며, 그 똥은 바로 내가 만든 것이다. 똥이 밥이고, 밥이 똥인 것이다. 더럽고 깨끗하다는 인식은 문명이 만들어낸 선입견이다. 이러한 인류의 어리석음을 깨우치게 하는 것이 바로 생명운동과 환경운동의 진정한 메시지다. 생태적 관점에서 볼 때 '진보'가 앞과 뒤를 전제로 앞으로 나아가는 것을 의미한다면 이제는 그러한 직선적인 진보가 아니라 '진화'를 생각하여야 할 것이다.

에코붓다의 생태공동체공부모임이 뒷간을 연구하고 조사한 목적은 현대사회에서 푸세식 뒷간을 다시 현대적으로 되살리자는 의미도 있지만, 그것이 갖고 있는 순환적 세계관과 가치를 회복하여 자연의 이치에 순응하는 삶을 사는 것이 진정한 삶이며 올바른 삶임을 강조하기 위해서다.

# 1장
# 밥, 똥 그리고 생태 공동체

## 1. 밥이 생명이다

우리에게는 먹고사는 일이 가장 중요하다. 그것을 가능하게 하는 것이 밥이다. 그러나 우리는 그 먹고사는 데 가장 중요한 "밥"이 곧 "생명"이라는 사실은 무시한 채 지내왔다. 그 결과 우리는 밥을 둘러싼 모든 관계를 간과하고, 오로지 우리가 먹는 식탁 위에 올라온 밥 한 공기로 배를 채우는 것에 강한 애착을 보여왔다고 해도 과언이 아니다.

그러나 밥은 단순히 밥이 아니라 우주와 연결되어 있다는 것이 생명운동의 주장이다.

"지금 여기 이 밥과 한 몸이 되게 하소서."(『구세공보』)

"이 공양에 깃든 이웃들의 공덕을 생각할 때 저의 덕행이 부끄럽습니다."(「소심경」)

"너의 가득 찬 그릇을 보라. 나는 이 음식 속에서 나의 존재를 떠받치는 온 우주의 존재를 본다."(틱낫한의 식사 기도)

"이 음식을 먹음으로써 나는 물질의 가슴에 들어가고 또한 나는 꿈을 현실로 바꾸는 복잡한 생명 활동에 참가하게 됩니다."(에드워드 브라운의 시)

"밥 한 사발 먹는 것이 우주와 함께하는 것이다."(장일순)

여기서 인용한 말은 밥에 대한 의미를 생명의 입장에서 강조하고 있다. 밥과 한 몸을 이루는 과정은 생명을 이해하는 과정이며, 타자와의 관계를 이해하는 일이며, 더 나아가서는 나의 호흡이 우주의 호흡과 관련되어 있다는 것이다. 그것은 그 어느 것도 나와 관련되어 있지 않은 것이 없으며, 나의 생명이 소중하듯 다른 존재도 소중하다는 것이다.

### 성경과 밥

성경은 밥과 관련된 몇 가지 사건을 기록하고 있다. 예수가 가나의 혼인 잔치에서 포도주를 만드는 기적(「요한복음」 2장 1-12절), 떡 다섯 개와 물고기 두 마리로 여자와 아이 외에 오천 명을 먹이고도 열두 광주리를 남긴 일(「마태복음」 14장 13-21절) 등에 관한 이야기는 나와 타자 관계에 있어서 우선해야 할 일이 나눔이라는 것을 강조하고 있는 것이다.

또한 「마가복음」 14장 22-25절에 흔히 최후의 만찬이라고 불리는 성만찬의 이야기가 있다.

> 저희가 먹을 때에 예수께서 떡을 가지사 축복하시고 떼어 제자들에게 주시며 가라사대 받으라 이것이 내 몸이니라 하시고 또 잔을 가지사 사례하시고 저희에게 주시니 이를 마시매 가라사대 이것은 많은 사람을 위하여 흘리는 나의 피 곧 언약의 피니라 진실로 너희에게 이르노니 내가 포도나무에서 난 것을 하느님 나라에서 새것으로 마시는 날까지 다시 마시지 아니하리라 하시니라.

이 성만찬을 개신교에서는 '성찬식', 천주교에서는 '영성체'라고 한다. 이는 예수와 내가 하나가 되는 행위로 생명을 약속받는 것으로 이해된다. 성만찬의 빵과 포도주는 그리스도의 몸과 피를 상징한다. 이러한 관계는 예수와 하나 됨을 의미한다.

한 장소에서 하나의 빵과 공동의 잔을 나누었다는 것은 어느 때 어느 곳에서라도 거기에 참여하는 자들이 예수와 하나 됨을 의미하는 것이다. 따라서 성만찬 의식은 예수에 대한 회상이기도 하며 감사의 식사가 되기도 하는 것이다.

　이와 같이 나와 예수가 하나 됨은 예수의 십자가의 수난과 부활에 동참하는 행위로서 구원에 중요한 의미를 두는 것이다. 이것은 밥이라는 것을 매개로 하여 나눔을 실천하는 밥상 공동체의 중요성을 강조한다. 성만찬은 단순하고 소박한 음식을 가지고 대화와 교제가 동반되는 밥상 공동체다. 성만찬이 보여주는 밥상 공동체는 모두가 함께 나눈다는 것이다. 그것은 단순한 도덕적 의무가 아니라 신을 알고 전체를 지각하는 신앙 행위이며 예배 행위이다. 즉 밥을 대할 때 나와 관계된 모든 것을 자각하고 이해하며 더 나아가서는 종교적 행위와 같은 신성한 마음을 갖는 것이다. 그리고 굶주림에 처해 있는 이웃을 인식하는 일이다. 다시 말해 성만찬은 관계의 형성에 기초한 밥상 공동체에 관한 이야기다. 그리고 축제와 같은 분위기로 인간관계를 회복하고 그 속에서 자아를 실현할 뿐만 아니라 생명 문화 공동체를 복원해내는 일이다. 그래서 우리는 이 땅의 집사로 인식되어야 한다. 이 부분은 생명 문화와 생태 공동체를 구성하는 중요한 요소가 되며 「창세기」 1장 26-28절의 '다스리라'가 지배자,

소유자라는 인간중심주의적 해석에서 벗어나 관리자, 집사, 목자의 의미로 해석되어야 한다는 것과 그 맥을 같이한다고 볼 수 있다. 즉 이것은 유대-기독교 사상이 생태 위기의 근원으로 취급받아왔던 오류로부터 벗어나는 것이며, 기독교가 생태 중심주의적 견해를 충분히 지니고 있다는 것을 의미하는 것이다. 그리고 새 하늘과 새 땅과 같은 새로운 탄생에 대하여 감사하는 도덕적 책무와 희망을 강조하고 있는 것이다. 결국 성만찬은 위기적 상황에서의 문화적 감수성을 강조하는 것이다. 그 문화적 감수성은 생명 문화 윤리의 부여와 나눔의 실천을 강조하는 것이다.

다시 말하면 밥이 지니고 있는 기독교적 의미를 하느님의 계속되는 창조 행위의 열매로 해석하고 있는 윤형근(2002: 58~59)의 주장처럼 노동을 통하여 얻어지는 밥은 하느님의 창조 행위에 동참하는 일로 그 자체가 거룩하며 하나의 예배에 해당하는 것이다. 왜냐하면 기독교는 우주의 움직임이 하느님의 창조로부터 시작된다는 확고한 믿음을 지니고 있기 때문이다.

밥을 먹는 것은 하느님과 자연과 인간이 만나게 되는 우주적 사건인 동시에 하느님의 창조 행위와 인간의 노동, 우주의 카오스적 질서가 하나로 통합되어 나타나는 것이라고 할 수 있다. 이러한 우주론적 결과는 우리의 기운을 만들어낸다.

밥에 대해 기독교가 지니고 있는 운동적 의미는 인간중심주의적, 소비 지향적, 그리고 물질 지향적 자본주의사회 체계를 성찰함으로써 예수의 나눔의 메시지를 전하고 그 메시지를 통하여 기독교의 진정한 복음의 의미를 강조하는 것이다.

## 불교와 밥

불교의 식사 수행법으로는 발우 공양이 있다. 발우 공양은 내 몸을 이루는 음식을 공경하는 마음으로 먹을 만큼만 먹는 생명 살림 실천이라고 할 수 있다. 발우는 수행자가 사용하는 밥그릇을 의미하며, 발우 공양은 불가의 식사법으로 대중들과 둘러앉아 일정한 법식에 따라 공양을 하는 것을 의미한다. 발우 공양을 할 때 「소심경」*을 게송하게 되는데, 「소심경」 앞에 나오는 전발게에서는 보시하는 사람, 보시받는 사람, 보시 물건이 깨끗하기를 기원드리게 된다.

그리고 발우 공양은 먹을 만큼의 음식물을 자신의 발우에 담

---

*「소심경」은 발우 공양을 할 때 외우는 불교의 경전으로 부처님을 회상하면서 그 공덕에 감사하는 회발게, 모든 중생의 노고와 은혜를 감사하는 오관게, 자신의 하루 수행 생활을 돌아보고 반성하는 삼시게·해탈주, 모든 배고픈 중생과 평등하게 나누어 먹겠다는 생반게·정식게 등으로 구성되어 있다(한국불교환경교육원, 2003).

아서 먹은 뒤 뜨거운 숭늉과 남긴 김치나 무조각 등으로 발우를 깨끗이 닦아 마시고, 다시 맑은 물을 이용해 발우를 손으로 깨끗이 닦아낸 후 발우 수건으로 닦는 과정으로 진행된다. 식사는 대중과 함께하게 되는데, 찬이 모자라면 서로 공평하게 나눈다. 그리고 공양이 끝난 후 성원들 간에 의견을 나누고 알리는 대중공사를 한다. 이러한 발우 공양은 수행 과정에서도 공동체를 이루는 중요한 기제로 작용하게 된다.

이와 같이 「소심경」은 불교의 발우 공양의 의미를 잘 전달하고 있는데, 「소심경」에서는 물 한 방울, 쌀 한 톨, 바람 한 점이 밥과 연관되어 있지 않은 것이 없으며 밥이 우주적 공동체를 이루고 있다는 것을 강조한다. 결국 「소심경」은 현재 숨 쉬고 있는 수많은 자연과 사람이 연관되어 있다는 것을 가르치고 있는 셈이다.

「소심경」은 모든 중생의 노고와 은혜에 깊은 감사를 드리며 일상의 삶과 수행에 대하여 반성하고 발원하는 마음을 점검하며 모든 중생과 함께 공동체를 이루겠다는 불교의 가르침에 충실한 생활철학이라고 할 수 있다.

「소심경」의 일부인 '오관게'의 내용을 현대적으로 각색하면 다음과 같다.

한 방울의 물에도 천지의 은혜가 깃들어 있고
한 톨의 밥에도 만민의 노고가 스며 있으며
한 올의 실타래에도 베 짜는 여인의 피땀이 서려 있다.
이 물을 마시고 이 음식을 먹고 이 옷을 입고
부지런히 수행 정진하여
괴로움이 없는 사람, 자유로운 사람이 되어
일체중생의 은혜에 보답하겠습니다.

성만찬이나 발우 공양 등 종교적 의례나 실천에서 보여주고 있는 밥은 일상을 통하여 밥의 의미를 되새기고, 밥이 되기까지의 과정에서 함께 나누는 삶을 강조한다. 특히 밥에 대한 이러한 새로운 문제의식은 모든 것이 더불어 존재한다는 전일론적 세계관으로서 생태 위기 시대에 상당히 중요한 의미를 지닌다.

## 2. 똥도 생명이다

닉 그랜트, 마르크 무디, 크리스 위든(Nick Grant, Mark Moodie, Chris Weedon, 2000)이 쓴 『하수 해결 방법: 자연의 부름에 응답하기(Sewage Solutions: Answering the Call of Nature)』에 똥에 대한 이야기를

희화한 내용이 있다.

도교: 똥은 그저 생기느니라.

유교: 공자 가라사대, '똥은 생긴다.'

불교: 똥이 생기면, 그것은 진정 똥이 아니니라.

선불교: 지금 이 순간 생기는 똥의 소리, 그 무엇일꼬?

힌두교: 이 똥은 전생에서 생긴 것이니라.

이슬람교: 똥이 생기느니, 이것은 모두 알라의 뜻이로다.

퀘이커교: 똥은 모든 사람에게서 생기는 것이니라.

가톨릭교: 똥이 생기노니, 그것은 너무나 마땅하도다.

장로교: 우리는 그와 같은 것을 논한 적이 결코 없느니.

유대교: 왜 우리에게만 똥이 생기는 것인가.

무교: 똥을 믿지 않노라.

프로테스탄트교: 똥이 생기나니, 그것은 네가 노동을 충분히 하지 않았기 때문이니라.

무가지론: 똥이 생길 수도 있느니.

실존주의: 도대체 똥이란 무엇인가?

똥에 대한 단상은 종교 혹은 철학적 관점에 따라 약간 상이하다. 그러나 똥에 대한 이러한 다양한 단상에도 불구하고 인류는 똥에 대한 인식을 그리 깊게 하지 못하고 있다. 그저 더럽고, 추하고, 냄새나고, 귀찮고, 어딘가 보이지 않는 곳에 처리하여야 하는 대상 정도로 취급한다. 인류는 똥을 처리하여야 할 폐기물로 취급하고 있는 것이다.

우리는 우리가 먹고 배설하고 그 배설물이 다시 흙으로 돌아가 또 다른 생명을 키우고 결국 그 생명이 우리의 식탁에 오르고 그 오름을 통하여 우리의 생명을 연장하는 열려 있는 자연의 순환적 체계를 인식하기보다는 화학비료와 농약을 사용한 농업 생산 확대, 화학비료로 재배된 먹을거리의 공급, 배설물의 폐기, 낭비와 오염으로 이어지는 닫힌 체계를 지배적인 체계라고 생각한다.

똥에 대한 인식의 부재는 똥 자체에 대한 인식의 부재뿐만 아니라 똥과 관련된 다양한 스펙트럼에 대한 인식의 부재를 낳고 있다.

첫째로는 땅에 대한 인식의 부재이다. 땅은 모든 생명의 근원이다.

알도 레오폴드(Aldo Leopold)는 『모래 군의 열두 달(Sand Canty Almanac)』에서 토지에 대한 인류의 윤리를 제시한 바 있다. 그는 인류가 토지공동체의 일원으로서 해야 할 역할을 강조한다. 토지공동체에는 바람, 흙, 그리고 다양한 생물이 존재하는데,

인류도 토지를 바탕으로 생명을 유지하는 그 공동체의 일원에 불과하다는 것이다. 레오폴드는 인류가 토지를 대하는 자세, 그리고 토지에 대한 윤리적 관점을 생태적 측면에서 고민해야 한다고 이야기한다.

「레위기」 25장 23절은 토지를 대하는 자세를 전하고 있는데, "토지를 영영히 팔지 말 것은 토지는 다 내 것임이라 너희는 나그네요 우거하는 자로서 나와 함께 있느니라."라고 한다. 또한 「레위기」 25장 8-14절은 다음과 같이 희년에 대해 전한다. "너는 일곱 안식년을 계수할지니 이는 칠 년이 일곱 번인즉 안식년 일곱 번 동안 곧 사십구 년이라 칠월 십일은 속죄일이니 너는 나팔 소리를 내되 전국에서 나팔을 크게 불지며 제 오십 년을 거룩하게 하여 전국 거민에게 자유를 공포하라 이해는 너희에게 희년이니 너희는 각각 그 기업으로 돌아가며 그 가족에게 돌아갈지며."라고 전하고 있다.

「레위기」는 사람, 땅 그리고 공동체의 회복을 주장하고 있다. 그중에서 땅의 회복은 사람이 땅을 대하는 자세를 말하고 있는 것이다. 이렇듯 우리는 땅을 쉬게도 해야 하고 땅을 통해 또 다른 공동체를 복원해내야 한다. 그리고 우리는 그 공동체가 생명의 근원이 된다는 것을 간과해서는 안 된다.

둘째로는 유기체적 순환에 대한 인식의 부재이다. 우리는 나눔과 순환을 통한 새로운 차원의 공동체를 복원해야 한다.

「고린도전서」 11장 23-26절은 "이것을 행하여 마실 때마다 나를 기념하라."고 했다. 예수가 전하는 나는 자신의 몸이며 붉은 피 그 자체, 즉 생명이다. 예수는 자신을 희생함으로써 새로운 생명을 복원해내는 혁명적 조치를 언급하고 있는 것이다.

밥이 똥이요, 똥이 밥이 되는 것은 끝없는 생명의 탄생이며 생명 순환의 과정이다. 우리가 싼 똥이 다시 거름으로 변하여 흙으로 돌아가고 흙은 다시 생명을 머금고 열매를 맺고 생명과 열매는 다시 밥이 되어 돌아오는 탄생과 순환의 과정이 공동체 관계와 상생의 관계를 유지한다. 그래서 밥이 똥이 된다는 것은 단순히 배설하는 것이 아니라 생명의 순환 속에서의 공동체 관계인 것이다.

이렇게 분명한 유기체적 관계가 형성되고 있음에도 불구하고 우리는 그것이 나의 몸으로부터 시작된다는 것을 인식하지 못하고 있다.

## 3. 밥과 똥의 하나 됨 그리고 생태 공동체

김용옥과 전경수가 쓴 『똥은 자원이다』(1992)에서는 밥과 똥의 하나 됨을 이렇게 설명한다.

문명의 똥은 다시 문명의 밥으로 살아야 한다. 밥과 똥은 몸을 지나가는 소화관에 의해 연결된 개념이며 일심이문(一心二門)과 같은, 일체이용(一體二用)의 개념이다. 밥과 똥은 천지자연의 생태 사슬에 있어서 연기론적으로 연결되어 있다. 우리는 맛있게 밥 먹는 것만 생각하지 맛있게 똥 싸는 것은 생각하지 못한다. 밥만 먹으면 산다고 생각하면서 똥 못 누면 죽는다는 생각을 하지 못한다. 존재의 윤리적 가치가 밥 먹는 데 있다고 생각하면서, 그것이 똥 누는 데 있다고 생각하지 않는다. 나의 존재 이유가 밥을 잘 먹는 데 있다고 생각하면서, 그것이 똥 누는 데 있다고 생각하지 않는다. 나의 존재 이유가 밥을 잘 먹는 데 있다고 생각하면서도, 내가 살아 있는 이유가 똥을 잘 누기 위해 있다고 생각하지 않는다. 다시 말해서 똥의 조건에 따라 밥이 결정된다는 너무나도 기초적인 생물학적 사실에 대해 우리는 너무 관심을 기울이지 않는다.

이 글은 인류가 규범적으로 정하고 있는 밥과 똥에 대한 인식을 설명하고 있다. 앞에서 이미 언급했듯이 밥과 똥은 하나이며, 결국에는 생태 공동체를 구성하는 중요한 시작이라는 것이다.

재래식 뒷간 시스템은 '사람 → 똥 → 똥거름 → 식물 → 사람'으로 진행된다. 돈통시(똥돼짓간[豚通尸])의 순환 시스템은 '사람 → 똥 → 돼지먹이 → 돼지 → 돈거름 → 식물 → 사람'의 순으로 진행된다. 그리고 산안마을*과 같은 일부의 계획 공동체에서도 '밥 → 똥 → 거름 → 땅 살림 → 생명 살림 → 밥'의 관계를 가장 중요한 의제로 삼는다. 콜롬비아의 커피 농장도 하나의 순환 체계를 중심으로 한 생산을 하고 있는데, 커피 원두가 수확되고 나서 농장에서 나온 부산물은 열대 버섯을 키우는 데 사용되며, 버섯 찌꺼기는 지렁이, 소, 돼지 등의 먹이가 되며, 지렁이는 닭의 먹이가 되고, 소와 돼지의 배설물은 바이오 가스와 채소밭의 퇴비가 되며, 바이오 가스 에너지는 버섯 재배 과정에 재사용된다. 콜롬비아 농민들은 이와 같은 과정을 통하여 환경문제를 해결하고, 더 나아가 이전에 없던 새로운 업종을 창출해내고 있다.

\* 경기도 화성시 향남면에 있는 무소유 공동체 마을. 야마기시 미요조가 제안한 무소유 일체의 정신으로 마음과 물질 모두 풍성한 이상적인 사회를 구현하고자 1984년 출발한 계획 공동체로 야마기시 미요조의 독특한 양계법에 따라 유정란 생산을 주된 사업으로 삼아 생활하고 있다(야마기시즘생활실현지문화과 편, 1999 참조).

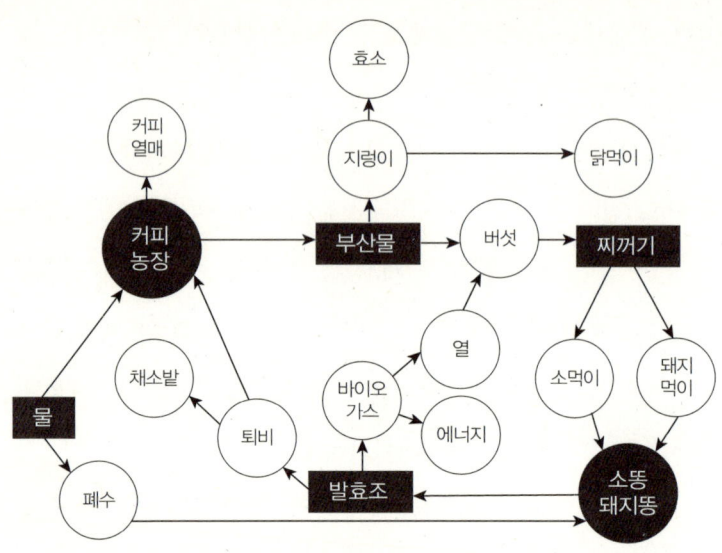

콜롬비아 커피 농장을 둘러싼 생태학적 군락 체계(Capra, 2002: 236~237)

이러한 일련의 과정은 구성체 간의 네트워크, 물질의 순환, 복합적인 파트너십, 다양성의 인정 그리고 최적화를 바탕에 두고 있다. 밥과 똥이 하나 됨을 이해하는 것은 숨겨진 연계에 대한 이해로부터 시작하여 대지와, 대지를 바탕으로 살아가고 있는 인류를 비롯한 모든 존재를 영성적 차원에서 이해하는 것이다. 그리고 똥에 대한 새로운 인식은 아름다운 밥을 만드는 일이며 지구가 하나의 살아 있는 생명체라는 것을 인식하는 일이다.

## 2장
# 똥과 생태 뒷간

### 1. 똥과 인간

#### 삶과 똥

똥은 하루에 한 번 이상씩 인간이 배설하는 물질로 한자로는 분(糞)이다. 인간이 먹은 쌀[米]이 변한[異] 물건[米+異]이라는 뜻을 지니고 있다. 이런가 하면 똥이라는 순수한 우리말이 영광스럽게도(?) 6.25 전쟁에 참여한 유엔군에 소개되어 영어사전에 'Dung'으로 올라 있다. 그리고 영어는 똥을 밤에 담 밖의 길에 버려져 만들어진 흙이라는 의미의 'nightsoil'로 쓰고 있다.

이렇게 똥은 우리의 생활과 밀접하게 관련되지만 멀리하고 싶은 단어로 존재하고 있다.

과학적인 관점에서 똥의 생성 과정을 보면 소화되지 않은 음식물과 소화관에서 생성되는 분비물이나 박리된 점막을 포함하는데, 이를 대변(大便)이라고 한다. 섭취한 음식물 중 결장에서 미소화물의 수분이 흡수되고 상피에서 점액이 분비되어 생성된 똥의 색은 주로 담즙색소에 의하여 누런 색깔을 띠며, 인돌(indole), 스카톨(skatole), 황화수소 등과 같은 냄새가 난다. 똥은 소화관 끝에 모여 있다가 직장과 항문 부근에 있는 근육의 상호작용에 의해 체외로 배설된다.

### 밑을 닦는 유일한 동물, 인간

인간은 하루 세끼 식사를 하고 하루에 한 번 정도 배변 활동을 하는데, 밑을 닦지 않는 동물과 달리 청결을 유지하기 위하여 스스로 밑을 닦는다.

밑은 닦는 재료도 주변 환경과 여건에 따라 다양하게 변화되어왔다. 옛날에는 똥을 눈 후 주변에서 쉽게 구할 수 있는 풀잎이나 나뭇잎을 이용하여 밑을 닦았으며, 이러한 것을 구하기 어려운 지역에서는 돌이나 마른 흙 등 이용 가능한 모든 것을 사용하여 밑을 닦았다(지금도 중동이나 아시아의 일부 국가에서는 돌로 밑을 닦는다고 한다). 과거에는 주로 자연물을 이용하였으나 좀 더 발전하여 종이와 헝겊으로 대체되었고 최근에는 물(비데)을 사용하고 있다.

한편 인간의 몸은 항문의 오돌토돌한 근육이 똥이 묻지 않고 빠질 수 있도록 되어 있어 다른 동물과 마찬가지로 똥을 배설한 후 굳이 밑을 닦지 않아도 된다고 한다. 신체적 기능이 이러함에도 불구하고 이제는 똥을 배설하고 밑을 닦지 않는다는 것은 문명인으로서 상상할 수 없는 일이 되어버렸다.

아마도 밑을 닦는 행동은 위생적인 청결을 유지하기 위해 우리 인간의 문화로 굳어진 것으로 생각된다. 그러나 그 과정에서 인간은 자신의 편안과 안락을 추구하기 위해 자원을 과도하게 낭비하고 있는데, 이것은 심사숙고하여 생각해볼 문제다. 똥을 누고 밑을 닦은 최초의 인간은 과연 누구였을까?

### 똥이여 저 멀리……

인간과 똥의 관계에서 하루에 한 번씩 배설하는 행위 그 자체는 먼 옛날에 살던 원시인과 차이가 없지만 똥을 바라보는 시각은 원시인과 달리 점점 더 똥을 멀리하는 것으로 변해왔다. 인류

문명이 발전하면 할수록 똥은 더럽고 불결한 것으로 취급되었다. 인간이기에 어쩔 수 없이 하루에 한 번씩 똥을 누지만 자기 집에는 두고 싶지 않아서 야밤에 몰래 똥을 버릴 때(앞의 nightsoil 참조)는 "똥이여 제발 멀리 사라져다오." 하는 기분이었을 것이다.

똥에 대한 이러한 느낌은 우리나라도 마찬가지다. "변소와 처가는 멀수록 좋다."는 우리 속담은 가급적 똥을 멀리하고 싶은 인간의 솔직한 심정을 보여주는 것 같다.

### 똥이여! 다시 한번

똥은 싫어도 똥의 가치는 중요하였다. 더욱이 과거에는 논과 밭에 심은 작물에 필요한 거름 원으로서 똥보다 더 좋은 것이 없었다. 특히 똥을 대신할 비료가 마땅치 않은 우리의 농경문화에서 똥은 없어서는 안 될 중요한 비료 원이었다. 그래서 똥은 싫지만 똥을 밭에다 주는 것은 불가피한 일이었다. 즉 똥은 '자연 → 음식 → 똥 → 거름 → 자연'으로 순환하는 자원으로서 자리매김을 하고 있었고 최근까지도 도시민의 똥은 주변 농촌 지역의 비료로서 그 기능을 담당하고 있었다.

옛 기록에 보면 "기회자 장삼십(棄灰者 仗三十) 기분자 장오십(棄糞者 仗五十)"이란 말이 있다. 이것은 재[灰]를 버리는 사람은

**자연과 똥의 자원 순환형 생태계**

곤장 30대 똥[糞]을 버리는 사람은 곤장 50대를 친다는 뜻인데, 백성들이 쓰레기를 버리지 못하게 하려는 의도도 있지만 유일한 비료이자 귀중한 자원이었던 똥을 함부로 버려 자원을 낭비하는 것을 엄금했던 것이다.

### 똥과 자연 파괴

현대에 들어 똥은 우리 인간의 위생적인 삶에 나쁜 영향을 주는 버려야 하는 물질로서 멀면 멀수록 좋고 가능한 한 빨리 없애야 하는 천덕꾸러기로 여겨지고 있다.

이러한 관점에서 현재의 똥 처리 과정은 '자연 → 음식 → 똥 → 희석수 → 수거 → 처리 → 하천 방류'의 과정을 거치면서 자연으로 순환되는 것이 아니라 자연계의 오염 물질로서 부담을 주며, 또한 이 과정에서 수자원 낭비와 경제적인 손실이 발생함으로써 자원 순환 시스템에 역행하는 형태로 정착되고 있다.

이러한 인간 편의주의 행태로 인하여 수세식 변소에서 성인이 하루에 소비하는 물 사용량(약 42리터)은 가정 용수의 약 3분의 1에 이르고 있다. 이러한 실정에서 이제 비데가 일반 가정에도 널리 보급되며 생활필수품으로 자리를 잡고 있어 똥은 수자원의 낭비를 부추기고 자연을 훼손하는 애물단지로 전락하는 상황에 처해 있다.

## 2. 삶의 공간, 똥 그리고 자연

### 시골의 똥

조셉 젠킨스(Joseph Jenkins)의 『인분핸드북(The Humanure Handbook)』에는 다음과 같은 글이 소개되고 있다.

나는 어릴 적에 한국전에 참전하였던 군인들의 이야기를 들은 적이 있는데 맥주를 한두 잔 마시고 나면 으레 뒷간 이야기가 나온다. 한국인들이 행인들로 하여금 자기들의 화장실에서 용변을 보도록 끌어들이기 위하여 화장실을 잘 꾸미는 것을 보고 놀랍고도 신기하였다고 한다. 다른 사람의 똥오줌을 원하는 사람이 있다는 사실이 너무나 기이한 웃음거리고 기억에 남아 있다(Jenkins, 1999: 101).

이 글을 보면 지금은 천덕꾸러기가 된 '똥'도 왕년에는 그래도 대우깨나 받았던 시절이 있었다는 사실을 알 수 있다.
다음 인용문은 강원대학교 권오길 교수가 쓴「똥은 금이다」에 나오는 내용으로 1950년대에 우리나라 똥이 어떠한 대우를 받고 이용되고 있었는지 알 수 있다. 구구절절이 똥의 위대한 힘이 느껴진다.

때는 바야흐로 1950년대 후반으로 이 시절에는 사람 똥은 금값이었다고 한다. 설거지통에서 나오는 구정물은 쇠죽을 끓이거나 돼지먹이가 되었고 과채류 등은 소 돼지가 먹었다. 사람들이 먹던 음식, 생선뼈는 개나 닭의 먹이가 되었고 오줌똥은 썩혀 밭으로 보내고 소나 돼지의 우리에서 나온 것들은 밑거름이 되었다. 농가의 농부들은 매달 똥장군으로 똥을 퍼 갔고, 가을에 콩 몇 말을 그 값으로 쳐주었다. "집의 똥 내주이소." 지나치면서 들었던 옆집 아주머니와 검게 탄 농부의 대화이다.

한편 겨울에는 개똥망태 어깨에 메고 온 동네를 돌아다니며 개똥을 주워 모았다고 한다. 개똥을 찾아다니던 그때 모습을 지금은 참으로 상상하기 힘들다. "개똥도 약에 쓰려면 없다."라는 속담이 있지만, 약이 되는 개똥이 따로 있었다. 약에는 흰 개의 흰 개똥이 좋았다. 그래서 개가 똥을 누면 분칠해 말려두겠다는 노랑이 심보를 가진 사람을 빗댄 말까지 생겨났다.

또한 시골에서는 허리나 팔다리뼈를 다치면 똥 술을 해 마시고 또 똥을 환부에 붙이곤 했다. 똥 먹는 똥 돼지 얘기는 많이 들었지만 똥 먹는 똥 사람 얘기는 요새로 보면 참 낯선 얘기일 것이다. 그러나 30~40년 전 시골에서는 흔한 풍경이었다. 시골의 똥개도 똥 돼지와 비슷한 경우이다. 마당에서 아이가 똥을 누면 그것은 똥개 차지였다. 게다

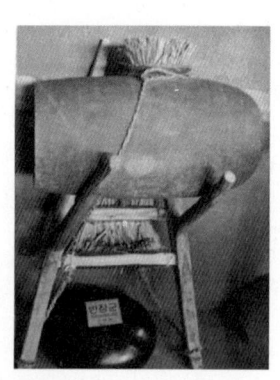

똥장군

가 항문에 묻은 똥까지 핥아먹어 밑씻개가 따로 필요 없었다.

  이러한 이야기는 비단 우리나라에서만 있었던 일이 아니라 여러 나라에서 있었던 일이다. 많은 나라에서 비슷하게 인분을 이용하고 활용하고 있었던 것이다. 우리나라의 똥개와 유사한 사례로는 멕시코의 '야생개'가 있다. 멕시코에서는 사람이 모래사장에서 용변을 보면 조그마한 털북숭이 야생개들이 볼일이 끝날 때까지 기다리고 있다가 일이 끝나면 김이 모락모락 나는 인분을 채 1분도 걸리지 않고 맛있게 먹어치워 주변을 깨끗이 정리했다고 한다. 그리고 인도에서는 우리나라와 비슷하게 인분을 돼지의 먹이로 해결했다고 한다.

  이와 같이 과거에는 인분은 귀중한 퇴비이자 동물의 먹이로 활용되어 그야말로 버릴 것이 없는 완벽한 하나의 자원이었다. 한국, 중국 및 일본을 비롯한 아시아 국가에서는 똥을 자원화하고 아껴 자연 친화적인 삶을 살아왔기에 사람의 배설물을 폐기물로 보지 않고 자연 자원으로 이해하였던 것이다. 이 점에서 아시아인들은 서양인들보다 진보했다고 평가하기도 한다.*

---

\* 히말라야 산악 지방에서 사는 훈자족은 평균적으로 100세 이상 사는 것으로 알려져 있다. 그들의 건강 비결은 먹는 자연식품과 그것을 재배하는 토양을 포함하여 전반적인 생활양식에 있다. 훈자족은 인분을 퇴비화하고 그것을 농업에 사용하는데 퇴비를 만들 때 인분이나 동물의 똥을 음식물 찌꺼기나 나뭇잎 등과 함께 땅속에 묻어둔 항아리 속에 넣어 6개월 이상 숙

## 도시의 똥

똑같은 사람이 배설한 똥이라고 해도 도시지역의 똥은 매우 골칫거리이다. 날마다 발생하는 똥을 시골에서처럼 자원으로 이용하고자 하니 똥을 필요로 하는 곳이 없고 그냥 버리자고 하니 냄새가 주변을 진동시키고 파리나 쥐들이 들끓고 이로 인하여 질병을 야기할 수 있으니 어쩔 수 없이 똥을 돈을 들여 처리하고 있는 것이다.

그래서 도시지역에서는 수세식 화장실이 설치된 가정, 건물, 산업체 등에서 발생되는 분뇨는 각 가정, 건물과 산업체 내에 설치된 단독 정화조 또는 오수 처리 시설에서 정화 처리되고 있으며, 정화 처리 과정에서 발생되는 슬러지는 청소 업체에서 수거·운반하여 분뇨 처리 시설에서 최종 처리하고 있다. 반면에 수세식이 아닌 재래식 화장실이 설치된 지역에서 발생되는 분뇨는 수거·운반하여 분뇨 처리 시설에서 최종 처리하고 있다. 분뇨 처리장에서 최종적으로 발생하는 분뇨 처리 슬러지는 심한 악취 때문에 시골에서와 같은 재활용에 상당히 제약을 받고

성시켜 사용한다고 한다.

있어 해양투기, 소각 및 매립 등의 방법으로 처리하고 있다.*

  이러한 사실은 현대에 들어서 도시의 똥이 철저하게 사람으로부터 분리되고 외면당하는 과정을 밟아왔다는 것을 잘 보여준다. 그 과정은 또한 우리의 근대화가 서양의 문물과 문화를 거의 무비판적으로 수용하면서 똥에 대한 서양인의 혐오와 기피의 관점을 철저하게 내면화한 과정이기도 하다. 오늘날 도시인은 가능하면 똥을 보지 않고 냄새 맡지 않고 접촉하지 않는 것이 문화이고 문명인 시대를 살고 있다. 이 과정에서 똥은 철저히 도시인의 생활 영역에서 감춰졌다.

  이제는 거의 보편화된 양변기는 똥을 우리의 시야에서 감추는 데 가장 큰 공헌을 하였다. 양변기에서 똥은 우리의 시야에서 완전히 은폐된 채 물속에 잠겨 나름의 존재감마저 풍기지 못한 채 잠시 머물다 영원한 어둠의 하수관거로 사라진다. 똥을 우리의 인지 세계에서 완벽하게 배제하기 위하여 진화를 거듭한 양변기는 드디어 비데의 형태로까지 발전하였다. 이제는 최소한의 손길이 없이도 뒷마무리가 가능한 세상이 도래한 것이다. 사람들은 그저 비데가 설치된 양변기에 앉았다 일어나기만

---

\* 2012년부터 하수 슬러지, 가축 분뇨 등 육상 폐기물의 해양투기가 전면 금지된다.

하면 된다. 그 와중에서 우리는 똥의 존재감을 거의 의식하지 않아도 된다.

변기가 진화되는 과정에서 개발된 휴지, 세정제, 방향제 등의 물품은 철저히 똥을 우리의 감각에서 배제하는 데 목적을 둔 것들이다. 본래 자연성을 갖는 똥의 성질을 막기 위한 노력으로 만들어진 세정제, 방향제 등은 당연히 반자연적 물질일 수밖에 없다. 자연 분해되어야 할 똥은 세정제나 표백 살균제 등 의약품에 섞여 자연 분해가 쉽지 않게 된다. 세정제, 표백제 등이 수중의 분해 요소와 미생물의 환경을 위협하기 때문이다.

도시의 똥은 앞에서 말했듯이 완벽하게 자연 세계와 격리된 하수관거를 지나 분뇨 처리장 등에서 일부는 물로 일부는 가스 물질로 일부는 미생물로 전환되고 그리고 그 운명을 다하게 된다.

### 자연과 합일하는 동물의 똥, 자연에 반(反)하는 인간의 똥

음식과 똥은 유기물이라는 관점에서 보면 거의 차이를 보이지 않는다. 또한 인간의 똥이나 동식물의 배설물(똥) 역시 차이를 보이지 않는다. 그런데 유독 인간의 경우에는 문화와 경제가 발달하고 시간이 흐름에 따라 생태계에서 자연적으로 순환되어 처리되던 똥을 인간의 관점에서 인위적인 방법으로 관리를 하고 있다.

동물이나 식물은 자연스럽게 먹이를 먹고 이를 자연에 보내 생태계와 어우러지는 삶을 살고 더 나아가서는 배설물이 생태계의 순환을 돕고 풍요롭게 한다. 이 지구상의 모든 생물체는 수억 년 동안 아니 지구의 탄생과 더불어 서로 연계하면서 살아가고 있다.

물론 초기에는 인간도 이 범주를 벗어나지 못하고 자연인의 하나로서 삶을 시작하고 성장하면서 죽을 때까지 별다른 차이 없이 살아왔다. 즉 인간도 삶을 자연 안에서 영위하고 호흡하고 그리고 사라지면서 현재까지 탈 없이 지내온 것이다.

새들을 보자. 새들은 나무나 식물의 열매를 먹고 저 멀리 날아가 다른 지역에 배설함으로써 식물이 널리 퍼지도록 하는 데 지대한 기여를 하고 있다. 예를 들어 해안가에 사는 새들은 물고기를 잡아먹고 해안에 구아노\*를 배설한다. 육지에서 생성된 비료 물질인 구아노는 바다로 흘러들어가 폐기되고 사장(死藏) 되는 것이 아니라 이것을 물고기가 먹고 이 물고기를 새가 먹음

---

\* 구아노[鳥糞石]는 바다에 사는 새들이 물고기 등을 먹고 배설한 똥으로서 요산이나 인산염이 풍부하게 포함되어 있기 때문에 비료로 유용한 물질이다.

으로써 다시 육지로 돌아와 식물의 영양물질로 다시 순환하는 역할을 하고 있다.

　자연적인 관점에서 보면 인간은 쌀, 배추, 고추, 고기 등을 먹음으로써 몸에 필요한 영양분을 섭취하고, 많거나 필요 없는 물질은 똥으로 자연계에 배출한다. 자연은 이것을 받아들이고 분해시키며 동식물은 이것을 영양원으로 하여 성장한다. 이러한 기능은 누가 시켜서 하는 것이 아니라 생태계의 순환 원리에 따라 자연계의 수많은 동식물이 상호 보완적인 삶을 살면서 자연스럽게 진행하는 일이다. 만약에 이러한 생태계의 물질 순환이 방해받거나 정지되면 생태계는 더 이상의 활동을 멈추고 파괴될 것이고, 결국 인간도 더 이상 삶을 지탱하기 어려운 상황이 될 것이다.

　이러한 이유로 인간은 이 지구를 보존하고 지키기 위하여 부단한 노력을 기울이고 있으나 이러한 노력에도 불구하고 우리의 삶의 터전이고 우리의 후손이 살아가야 할 이 지구가 위협받고 있다. 이와 같이 지구를 괴롭히는 것 중에는 우리 인간으로부터 기원하는 것들이 많으며 이러한 것은 대부분 개발과 우리 인간의 만족을 추구하는 과정에서 발생한다. 이러한 맥락에서 인간이 배설하는 '똥'도 과거와는 달리 현재에는 지구에 나쁜 영향을 주는 물질로 변형되어가고 있다. 즉 인간은 똥을 자연으로 보내어 생태계의 순환 원리에 따라 자연스럽게 처리되게 하지 않고 똥을 물로 헹구고 짜고 태우는 등 우리의 틀에 맞추어 관리함으로써 자연계의 순환 고리를 끊고 있는 것이다.

## 똥의 운명

오늘날의 똥은 과연 예전 우리의 농경문화에서 똥 그 자체가 곡식이요, 채소인 시절의 똥과는 많이 다르다. 이제는 농촌에서도 인분을 거름으로 활용하는 것은 매우 드문 일이 되어버렸다. 오늘날에는 도시의 똥만이 아니라 시골의 똥도 더 이상 자원이 아니라 많은 돈을 들여 처리하여야 하는 물질로 전락되고 있다. 똥의 관점에서 본 시골과 도시는 이제는 그 차이가 없어져가고 있다.

예를 들면 전통적인 시골은 전기나 상수도 등이 없고 초가집이 있으며 집안에는 외양간이 있어 소도 키우고 집 문을 나서면 바로 들판이 어우러져 목가적이고 전원적인 분위기를 느낄 수 있었는데, 이제는 이러한 것들이 하나둘 우리의 시야에서 사라지고 문명의 도구들이 시골을 에워싸고 있는 것이다. 가정마다 사용하는 가구나 소비하는 물질들이 도시와 다를 바 없고 도로는 아스팔트와 시멘트로 포장되어 있어 겉모습은 산뜻하고 편리한 모습을 보이고 있다. 반면에 토양 생태계는 숨을 쉬지 못하여 제 기능을 발휘하지 못하고 서서히 죽어가고 있다. 편하고 쉬운 것을 선호하는 경향과 경제적인 활동의 축이 집중되는 새로운 문명의 발달은 젊은이들을 시골에서 도시로 이동시켜 시골에서는 이제 인구의 노령화로 실제적으로 농사를 지을 젊은 사람이 없어지고 있는 상황이다. 따라서 시골에서의 노동 인력은 주로 노년층으로 이루어져 있어 농사에 필요한 유기질 비료를 만들고 사용[施肥]하는 일이 어려워지고 있으며 쉽고 편한 화학비료에 의존하게 되는 상황으로 바뀌고 있다. 따라서 과거에는 시골의 농사에서 귀중한 자원으로 대우받던 '똥'이 이제는 더 이상 필요치 않는 더러운 물질로 전락되는 동시에 처리에 많은 돈을 들여야 하는 상황이 된 것이다.

이렇게 전국의 시골 지역도 이제는 도시화하여 도시지역과 같은 상태로 변화되고 있다는 사실은 모든 국민이 배설하는 똥이 이제 더 이상 자원이 아니라 우리가 많은 비용을 들여 처리하지 않으면 안 되는 환경오염 물질이 되었다는 것을 말해준다.

과연 우리와 똥은 지금 어디로 가고 있으며 미래에는 어디로 갈 것인가?

## 3. 뒷간에 대한 이해와 공동체 삶

### 뒷간의 의미

뒷간의 의미는 1459년에 간행된 『월인석보』에 처음 나오는데, '뒤'를 인분의 의미로 사용하여 '뒤를 보는 집'이기도 하며, '뒷마당에 자리한 집'이기도 하다. 즉 뒷간은 살림채와 떨어져 뒷마당 한편에 자리한 볼일을 보는 공간인 것이다.

우리나라 뒷간은 서양처럼 볼일 보는 곳과 씻는 곳을 통합적으로 구성한 화장실의 개념이 아니다. 우리나라는 볼일 보는 공간과 씻는 공간을 분리된 하나의 독립된 공간으로 본다.

우리나라의 전통 뒷간은 자연과 분리된 이분법적 사고에 근거한 접근이 아니라 주변의 자연조건과 생활 형태에 순응한 공동체적 삶의 형태에서 비롯되었다. 전통적 농경 국가는 먹을거리를 생산하는 과정에서 거름이 중요한 자원이었으며 이러한 것을 일상생활에서 찾았다. 또한 일상생활에서 먹을거리 생산에 필요한 것을 찾는다는 것은 대량생산, 대량 소비의 기제에 순응한 생산 체계보다는 지역적·생태적·공동체적인 관계에서 먹을거리에 필요한 생산수단을 찾는 것이다. 이것은 밥과 똥 그리고 삶이 하나의 공동체를 이루어나가는 과정으로 인분을 통해 생명 순환의 원리가 적용되는 것이다.

이렇게 똥을 거름으로 이용하는 것은 지역공동체에 순응한 삶의 양식으로 그 지역의 여건과 조건에 따라 다르게 나타났다. 전통 뒷간은 구체적인 모습은 다르더라도 궁극적으로는 생태적이며 자연 순환의 법칙에 의거한 과학성과 경제성이 내재된 생태학적 원칙에 근거하여 운영되었다. 가령 강원도 지역에서는 잿간을 이용하여 거름을 만들었고 제주도에서는 통시를 이용하여 인분의 문제를 해결했으며 일반 농촌 농가에서는 수거식 뒷간을 만들어 해결했다. 이러한 뒷간의 적용 원리는 자연의 생태적 순환을 도모하고 인간과 자연의 자연스러운 결합을 지향함으로써 이루어진 사회·문화적인 행위이다.

그러나 농경문화 이후 도시의 출현은 진보에 대한 편견, 다양성에 대한 편견, 인간중심주의의 편견, 과학기술 중심주의의 편견 등을 양산하면서 뒷간의 의미를 전근대적이며 불결한 대상으로 전락시켰다. 결국 도시주의는 경제주의와 생태주의가 조화를 이룰 수 없는 관계를 만들어냄으로써 전통 뒷간에 대한 생태학적 감수성을 경제학적 이성으로 전환시키는 결과를 초래했다.

## 전통 뒷간의 유형과 그 특성

뒷간에는 여러 형태가 있는데 주변의 자연조건과 생활양식에 따라 차이가 있다. 구들난방을 하여 재가 많은 집에서는 잿간을 만들고, 재를 많이 내지 못하거나 퇴비를 빨리 많이 내야 하는 집에서는 수거식 뒷간을 짓고, 일부 산골에서는 돝통시를 만들기도 했다.

뒷간은 가장 일반적인 수거식 분뇨 처리 형태로서 인분이 일정한 양이 되면 퍼내는 형식을 취하고 있다. 뒷간의 인분을 퇴비로 사용하기 위해서는 밭두둑가에 구덩이를 파서 옮겨두고 일정 기간 썩힌 뒤 거름으로 사용한다. 보통 여름에는 4, 5일 뒤에 꺼내 사용하고 봄, 가을에는 10일 뒤에 꺼내 사용하는데 암흑색으로 변했을 경우에만 꺼내 사용한다. 일정 시간을 두고 썩힌 후 땅에 뿌리면 인분 퇴비가 흙과 섞여 흙 속의 미생물이 복합적으로 작용하여 분해 과정을 거침으로써 퇴비가 안정화되고 채독도 방지하고 땅속의 영양분을 장기간 유지시키는 역할을 한다. 그리고 뒷간은 수분 조절을 위해 오줌통을 따로 두고 똥과 오줌을 분리하여 처리하였다.

잿간은 집에 뒷간을 별도로 두지 않고 헛간의 한구석에서 볼일을 볼 수 있도록 한 것으로, 볼일을 볼 수 있도록 마련된 곳에

| 구분 | 뒷간 | 잿간 | 해우소 | 통시 |
|---|---|---|---|---|
| 원리 | 전통 뒷간의 가장 일반적인 형태. 분뇨가 일정량이 되면 퍼내는 식 | 재를 인분 위에 얹어 인분 냄새를 제거함. 재와 인분이 혼합되어 똥재가 되는 것 | 구조물의 하단부가 땅과 거리를 두고 있으며, 벽체도 공기, 습기의 소통에 원활함 | 누각 또는 수평구조로 부출 밑이 돼지우리와 연결됨. 돼지가 들어와 먹을 수 있음 |
| 발효 방식 | 밭에 구덩이를 파서 옮겨놓고 어느 정도 썩힘 | 재, 낙엽, 왕겨, 채소 찌꺼기 등을 이용 | 낙엽, 왕겨, 풀, 채소 찌꺼기 등을 이용 | 짚, 음식 찌꺼기, 인분, 돼지 똥이 섞여 두엄이 됨 |
| 냄새 제거 방식 | – | 재 | 재, 석회 | – |
| 처리 방식 | 시간을 두고 땅에 뿌려 사용 | 발효 후 거름으로 사용 | 발효 후 거름으로 사용 | 발효 후 거름으로 사용 |
| 적용 대상 지역 | 농촌 지역에서 보편적으로 사용 | 강원도 지역에서 보편적으로 사용 | 사찰에서 주로 사용 | 제주도 똥돼지간 지리산 똥돼지간 |

**전통 뒷간의 유형과 그 특성**

는 디딤돌을 두 개 놓고 앞에는 재를 쌓아두며 뒤에는 똥재를 쌓아두는 방식이다. 볼일을 보고 앞에 있는 재를 똥에 뿌린 후 나무 삽으로 떠서 한쪽에 던져 쌓는다. 이것은 볼일을 본 그 자리에서 퇴비화를 할 수 있는 편리한 방식이다.

해우소는 사찰의 동안거, 하안거 기간 동안 사찰 경내와 주변 자연조건 속에서 자립 경제를 도모할 수 있는 중요한 영역으로 농사의 풍년을 보장해주는 장소인 동시에 근심을 푸는 장소이다. 또 해우소라는 말은 '옷을 벗는 곳'이라는 의미의 해의소(解衣所)에서 나왔다는 이야기도 있다. 즉 속곳·속바지·속치마까지 껴입은 선인들이 볼일을 보는 과정에서 옷을 몇 개쯤 벗어놔야 시원하게 뒷일을 볼 수 있다는 의미로 뒷간의 이름을 옷 벗는 장소로 표현한 것이다.

해우소는 산의 지형적 특성을 고려하여 대부분 산비탈에 위치하고 있다. 비탈에 위치한 해우소는 전면 1층, 뒷면 2층의 누각 구조로 되어 있다. 해우소의 상단부는 사찰 건축의 끝자락에 연결되어 있으며 하단부는 사찰 영역의 아랫부분인 밭의 시작부분에 자리 잡는다. 상단부에서 볼일을 본 후 하단부에서 인분을 꺼내 밭과 바로 연결하여 거름으로 쉽게 사용하는 구조로 되어 있다. 이러한 비탈 구조는 통풍, 채광, 산소 공급, 보온, 자연 발효, 냄새 제거 등에 있어서 장점으로 작용한다.

통시는 똥돼짓간, 돗통시로 불리기도 하는데 인분을 돼지가 먹어서 처리하는 방식을 취하고 있는 뒷간을 의미한다. 제주도와 지리산 자락 마을에서 부분적으로 통시를 이용하고 있다. 통시 구조는 누각 또는 수평 구조로 되어 있으며 부출(뒷간 바닥의 좌우에 깔아놓은 널빤지) 밑이 돼지우리와 연결되어 있으며 부출의 높이는 돼지가 머리를 들고 들어와 먹을 수 있는 정도의 높이로 되어 있다. 돼지에게 부족한 인분을 대신하여 음식 찌꺼기, 농산물 찌꺼기 등을 주는데, 이것들과 바닥에 깔아놓은 짚, 마른 풀 그리고 돼지 똥이 혼합되어 일정 시간이 지나면 자연스럽게 섞여 두엄이 되고 이 두엄을 퇴비로 사용한다.

## 4. 전통 뒷간의 생태 공동체적 의미

### 자연과 대화가 가능한 경로를 지니고 있다

현대 문명은 단절과 분리의 원칙에 근거하는 것으로 생명 순환의 관계를 철저히 차단하고 분리시키는 구조라 해도 과언이 아니다. 이러한 방식은 공간을 구성하는 과정에도 그대로 나타난다. 특히 서구식 화장실은 외부와 단절된 공간의 형태를 취하고 있다. 이것은 몸과 마음을 분리시키고 물질과 정신을 분리시키고 인간과 자연을 분리시키고 차단시켜왔던 서구 문명의 패러다임이 서구식 화장실 구조에도 그대로 나타나고 있다는 것을 보여준다.

그러나 전통 뒷간 가운데 해우소는 볼일을 보는 것을 지나가는 사람들이 들여다볼 수 있는 구조로 되어 있다. 물론 산간 오지의 뒷간이나 제주도의 뒷간 등도 해우소와 마찬가지로 칸막이 문이 설치되어 있지 않다. 전통 뒷간은 배설을 하는 쑥스러움 대신에 배설을 통해 자연과의 관계를 고뇌하게 하는 경로의 구실을 하고 있는 것이다.

**생태 공동체의 근원을 제공하고 있다**

순환성은 생태 공동체를 구성하는 주요 요소 가운데 하나이다. 전통 뒷간에서 나온 배설물은 발효와 숙성 과정을 거치면서 퇴비가 되어 새로운 자원으로 재생산된다. 그리고 '음식 → 똥 → 거름 → 음식'의 과정을 거치면서 생태계의 순환 법칙을 제공하기도 한다. 이는 생명을 자라게 하는 순환성을 제공하는 것이며 더 나아가서는 생태 공동체적 원리가 작용하는 것이다.

그리고 전통 뒷간은 화장실 구조가 지닌 단절된 체계가 아니라 관계성을 유지하고 있다. 화장실 구조는 '음식 → 똥 → 희석수(물) → 하천 방류'의 과정으로 이루어져 있는데, 거기에서는 똥의 개념이 자연 자원에서 쓰레기의 대상으로 전락하게 된다. 일반 사회에서는 생산과 소비의 일련의 과정에 국한된 체계로 모든 것을 설명하려는 경향이 지배적이므로 자연 자원으로부터 생산에 필요한 자원을 확보함에도 불구하고 화장실 구조에서는 똥이라는 자연 자원을 버려야 하는 쓰레기로 이해하면서 화장실을 똥을 처리해야 하는 곳으로 그 역할과 임무를 한정시키고 있다. 오늘날의 화장실 구조는 통합적이고 유기적인 관계의 확장에 대해서는 관심을 보이지 않고 있는 것이다.

일반 사회는 단절 순환계를 유지하면서 '화학비료 → 재배 → 음식 → 배설 → 낭비, 오염'의 과정으로 구체화된다. 이러한 단절 순환계에서는 대규모 쓰레기 처리에 많은 에너지를 투자하게 되는데, 가령 방수용 필름을 사용한 매립지는 커다란 폐기물 쓰레기 기저귀를 차고 있는 것이나 마찬가지다.

그러나 전통 뒷간은 관계를 확장시키는 역할에 중점을 두어 왔다. 관계를 확장하는 일은 지역공동체 원리에 순응한 관계를 확장하는 일이며, 그 과정에서 지역사회 수준에 맞는 자원의 자급이 강조되는 생명 지역의 원리에 큰 의미를 두고 있다.

**토지공동체의 구성원임을 확인하는 일이다**

인류는 토지를 기초로 하는 생태 공동체라고 할 수 있다. 이는 우리가 토지공동체의 일원이라는 것을 알고, 우리가 토양, 물, 식물, 동물과 같은 구성원이라는 것을 인식하는 일이다. 토지공동체는 토지의 건강성을 그 원칙으로 한다. 왜냐하면 토지가 인류를 비롯한 모든 동·식물의 생명의 근원지이기 때문이다.

  토지공동체에서는 전통 뒷간이 매우 중요하다. 전통 뒷간을 매개로 생산된 퇴비가 다시 땅의 원기를 회복시키는 생명의 제공자가 되기 때문이다. 똥으로 퇴비를 만드는 과정은 산성화된 대지를 살아 있는 땅으로 만드는 것으로 알칼리화된 땅은 다시 토지공동체의 일원을 먹여 살리는 어머니의 역할을 하게 한다. 전통 뒷간을 조성하는 과정에서 재를 뿌린다거나, 발효와 숙성의 과정을 거쳐 퇴비를 만드는 일은 토지공동체를 살리는 일련의 중요한 과정이다.

  전통 뒷간에서 보여주고 있는 퇴비화 과정은 흙에서 태어난 생명이 밥이 되고 밥에서 태어난 똥이 다시 흙으로 돌아가 흙이 밥이 되고 밥이 똥이 되는 순환의 연속이다. 곧 밥이 똥이며 똥이 흙으로 생명을 이루어내는 생태적 과정의 연속인 것이다.

## 생명 농업의 시작을 알리고 있다

  우리나라의 농업 근대화는 서구의 개량주의가 강조된 근대화였다. 과학 영농이라는 이름으로 토착 품종을 밀어내고 생산력 강화에 많은 노력을 기울인 결과 땅은 지력을 잃어 더 이상 생산할 수 있는 힘이 없어지고 말았다.

식물 성장의 3대 요소인 질소, 인산, 칼슘을 화학비료로 만들어 무차별하게 땅에 뿌려댄 결과 결국 땅을 망치고 만 것이다. 이는 우리가 식물 성장을 3대 요소로 국한하여 사고하는 요소 환원주의에 사로잡혀 있기 때문이다. 나아가 이러한 사고에서는 농약을 요구하고 제초제를 무차별하게 뿌리게 된다. 우리는 그동안 영농 과정에서 과학이라는 이름으로 화학적인 요소에 국한된 방식으로 생명을 다루는 일을 착실하게 수행해왔지만 이는 땅을 회복시키고 생태를 복원하는 것과는 거리가 멀었다.

그러나 똥을 매개로 한 퇴비는 앞에서 언급했듯이 대지와의 관계 회복의 시작을 알리는 것이며 더 나아가서는 생명 농업의 근원을 제시하는 것이다.

### 적정기술의 운영을 통한 '지역사회 공동체'의 충전지이다

지역사회 구성원들 간의 협력과 상호 의존은 건강한 지역사회를 만드는 중요한 요소이다. 전통 뒷간에서 얻는 퇴비는 단순히 퇴비화에 국한되는 것이 아니다. 똥의 퇴비화는 기술의 운영 면에서 중요한 의미를 지닌다. 퇴비를 만드는 과정은 기술적인 측면에서 보면 적정기술*의 범주에 속한다. 퇴비와 같은 적정기술은 단순히 기술의 문제가 아니라 지역사회 공동체의 의사

소통을 확장하는 중요한 역할을 한다. 거대 기술이나 대규모 기술은 몇몇 전문가 집단, 그리고 그것을 기획하는 관료와 관리하거나 자문하는 학자에 의해 그 기술의 운영과 관리 등이 이루어진다.

이러한 거대 기술은 국가적 의제의 차원에서 추진되기 때문에 지역사회가 가지고 있는 다양한 기능과 여건 등을 고려하지 않는다. 거대 기술은 국가적인 의제의 제도적 측면만을 강조함으로써 지역사회 공동체를 집단 이기주의에 빠진 대상으로 전락시켜버리는 경우가 매우 흔하다. 거대 기술은 집중화, 전문화, 관료화되어 있기 때문에 지역사회 공동체와의 소통 가능성이 당초부터 결여되어 있는 것이다.

그러나 적정기술의 운영에서는 지역사회가 지니고 있는 사회 문화적 여건, 기술적 여건 등이 함께 고려된다. 지역사회의 자원을 지역사회 공동체에서 어떻게 나누고 사용할지에 대해서—전문가, 관료, 학자의 의지와는 상관없이—각 지역사회 스스로가 의제를 결정하고 과제를 만들어간다. 예를 들면 전통

---

\* 적정기술은 제3세계의 지역적 조건에 맞는 기술을 말한다. 제3세계로 직수입된 근대 과학 기술이 그 나라의 근대화에 기여하기보다 인적·물적 환경을 파괴한 데 대한 반성에서, 새로이 자립 경제의 관점에서 모색된 기술 개념이다.

뒷간의 퇴비화가 지역마다 다르게 나타나고 있는데, 그것은 각 지역사회가 지니고 있는 다양한 문화적 양상을 그대로 반영하여 각 지역사회가 스스로 결정하기 때문이다. 적정기술의 운영 과정에서 자원을 어떻게 사용해야 할지, 어느 시기가 가장 적정한 시기인지, 퇴비의 가장 이상적인 숙성은 어떤 상태인지 등에 대한 논의가 진행되면서 지역사회는 자연스럽게 공동체를 구성하게 되는 과정을 거치게 된다.

전통 뒷간에서 나오는 퇴비는 자기 몸에서 배출된 잉여물을 재생산 수단으로 삼는 과정에서 기술의 적용과 자기 몸의 상태와 이웃과의 관계가 자연스럽게 배태되어 나타나는 것으로 공동체적 과정이다. 퇴비화는 상품을 손쉽게 시장에서 구입하여 땅에 뿌려대는 화학비료와는 근본적으로 다르다. 퇴비화는 화학비료가 낳는 문제—불필요한 에너지 이동의 문제, 비료 생산과정에서의 관료주의, 반생태적 결과물의 양산 등—에 정반대로 대응하는 것으로 지역공동체적 기제를 지니고 있다. 퇴비화는 적정기술의 적용, 의사소통의 확장, 지역사회 차원에서의 에너지 순환, 불필요한 재생 불가능한 에너지를 사용하지 않는 것 등의 의미를 지니고 있으며, 진정한 지역공동체를 이루는 사회문화적 여건의 충전지이다.

**3장**
# 사찰 해우소와 생태 뒷간

## 1. 해우소의 어원과 역사

### 해우소의 어원

해우소는 불전, 법당, 승당, 고방, 산문, 욕실과 함께 사찰의 칠당가람 가운데 하나이다. 해우소라는 말이 생기기 전에는 '측옥(厠屋)'이라는 용어를 썼다. 측옥이 동쪽에 있으면 동사(東司), 서쪽에 있으면 서정(西淨), 남쪽에 있으면 등사(登司), 북쪽에 있으면 설은(雪隱)이라고 했다.

'해우소'라는 말은 한국전쟁 후 통도사 극락선원에 머물던 경봉선사(1892~1982)가 처음 지어냈다고 한다. 당시 경봉선사가 소변보는 곳에는 '휴급소(休急所)', 큰일 보는 곳에는 '해우소(解憂所)'라는 글씨를 써서 뒷간에 붙이게 했다. 그후 통도사 스님과 신도들의 입을 통해 전국에 회자되었다는 것이 해인사 포교국장으로 있던 현진 스님의 회고이다.

그러나 다른 주장도 있다. 경남 사천 방장산 다솔사에서 멀찌감치 뒷간을 지어놓고 처음 '해우정(解憂亭)'이라고 이름 붙였다는 설도 있고, 계룡산 동학사의 한 비구니 스님이 처음 썼다는 주장도 있다. 현재 동학사 뒷간에는 '해우실(解憂室)'이라는 현판이 걸려 있고, 해우실에 이르는 다리 또한 '해우교(解憂橋)'라 부르고 있다.

어쨌거나 해우소라는 말이 생긴 것은 100년 안쪽의 일임은 분명해 보인다. 그후 이 말이 인구에 회자되면서 일반 민가에서도 많이 빌려다 쓰고, 지리산 청학동 도인촌과 제주도 민가에서도 사용했다.

'해우소'라는 말이 생기기 전에는 '뒷간'이 보편적으로 사용된 것으로 보인다. 사미승들의 교육 교재인 『사미율의』 등에는 '뒤간'으로도 나와 있다. 선암사 해우소에도 한글 고어로 '뒤깐'이라고 써 있다.

또 중국 사찰에서 처음 쓴 '정랑(淨廊)'이라는 명칭도 현재 함께 사용되고 있다. 순천 송광사 후원에 있는 스님들의 전용 뒷간, 김천 청암사의 뒷간 등 아직도 일부 사암에서는 여전히 '정랑'이라는 명칭이 통용되고 있다. 그러나 송광사를 비롯해 사람들의 출입이 많은 관광 사찰에서는 '화장실'이라는 명칭이 보편화되어 있다. 안내판에는 영어와 그림을 함께 쓰기도 한다.

### 불교의 해우소

흔히 말하는 전통 해우소는 우리나라 사찰의 전통 뒷간일 뿐, 불교의 전통 뒷간이라고 볼 수는 없다. 불교의 발상지인 인도를 비롯하여 여러 불교 국가의 전통 뒷간들이 우리의 해우소 구조와는 다른 여러 형태를 갖고 있기 때문이다.

불교 국가인 인도의 모헨조다로 유적에서 발견된 화장실은 세계에서 가장 오래된 화장실로 알려져 있다. 시기적으로는 기원전 3000년대부터 1400년대 사이에 해당한다. 지금의 수세식과는 다르지만, 물이 흘러가도록 하여 그 위에 배설하는 구조이다.

이러한 수류식 처리 방법은 부처님 당시에도 있었던 양식이다. 여러 경전에 크고 작은 수류식 뒷간 이야기가 나오는데, 기원정사에는 '유측(流厠)'이라고 번역되는 수류식 뒷간이 있었다고 전해진다.

## 불국사의 유구들

우리나라 해우소의 역사를 논할 때 가장 먼저 언급되는 유물은 불국사에 남아 있는 신라의 뒷간 유구들이다. 지금은 극락전 옆에 놓여 있지만, 발굴되기 전에는 무설전 뒤쪽에 있었다고 하는 부출(노둣돌)이 그것이다. 화강암으로 만든 부출은 네모난 돌 가운데 배[舟] 모양의 구멍을 뚫은 것이다. 어쩌다 실수하여 구멍의 가장자리에 뒤가 지저분하게 묻었을 때 물로 씻어 내리기 좋도록 안쪽으로 부드럽게 몰딩 처리가 되어 있다.

크기가 작은 부출도 있는데, 일부에서는 여성용이라고 하지만, 엉덩이 크기를 비교하면 오히려 남성용이거나 아동용일 수도 있다. 어쨌거나 그 부출은 요즘의 수세식 변기처럼 물을 사용하여 배설물을 씻어 내릴 수 있도록 배출구가 뒤쪽으로 나 있다. 배출구 아래에는 지금의 정화조와 같은 장치가 있었을 것으로 짐작된다. 첨성대 부근에서 발굴된 거대한 석조 탱크가 그것을 증명해주고 있다.

부출을 물로 씻으려면 물을 끌어들이는 파이프 장치가 있거나 아니면 뒷간이 욕조와 함께 북수간 구조여야 할 것이다. 불국사에 남아 있는 뒷간 유구 가운데는 넓게 홈을 판 수로석이 있는데, 이것이 그 장치가 아닌가 싶다. 8세기에 이미 신라에 그런 고품위의 수세식 변기가 있었다는 것은 놀랄 만한 일이다.

불국사 부출

참고로 영국 스코틀랜드 연안에 있는 오크니 섬 사람들이 배관 시스템을 갖춘 수세식 화장실을 처음 고안해낸 것으로 알려져 있다. 요즘과 같은 수세식 변기는 영국의 엘리자베스 여왕 시대에 여왕의 총애를 얻기 위해 존 해링턴이 처음 고안해낸 것으로 알려져 있다.

## 우리나라의 가장 오래된 해우소

누군들 먹고 싸지 않겠는가. 그런데도 더럽다는 인식 때문인지 똥오줌은 금기어로 인식되고, 뒷간에 대한 언급도 터부시되고 있다. 아무리 진지하게 이야기해도 똥오줌 이야기는 금방 우스갯소리가 되고 만다. 점잖은 체면에 어찌 그 더러운 곳을 논하겠느냐는 생각에서인지 우리 문헌에도 똥오줌이나 뒷간 이야기가 별로 없다. 사찰 해우소 역시 마찬가지이다. 그나마 유일하게 남아 있던 선암사 해우소의 기록도 한국전쟁 때 없어져 버리고 지금은 사찰 해우소에 관한 문헌 자료가 거의 남아 있지 않다. 게다가 보존 가치가 있는 전통 해우소들마저 대중의 외면으로 점차 사라져 얼마 남아 있지 않다.

현재 남아 있는 해우소 건물 가운데는 김룡사와 선암사의 것이 가장 오래된 것으로 손꼽힌다. 비록 고증을 거치진 않았으나, 김룡사의 해우소는 3백 년 전 유물로 알려져 있다.

## 2. 해우소의 문화

### 해우소는 신성의 공간

굳이 말하자면 불교는 범신론이다. 신의 존재를 인정은 하지만, 유일신이 아닌 범신을 인정한다. 모든 것에 신이 깃들어 있다는 주장이다. 해우소도 예외가 아니어서 청측신이 머문다. 불교 전설에 따르면, 산신, 칠성신, 청측신은 원래 삼형제였는데, 두 아우가 서로 해우소 맡기를 마다하자 하는 수 없이 맏이가 나서서 청측신을 맡게 되었다고 한다. 강진 도갑사 해우소 안에는 검은 나무 명패에 흰 글씨로 '남무서제부정도측신지위(南無

誓除不淨稻廁神之位)'라고 쓴 위패가 붙어 있다. 여기에는 청측신을 위해 부정을 없애고 해우소를 잘 관리하겠다는 서원의 뜻이 담겨 있다.

## 해우소는 수행의 공간

『율장』에 따르면 불교 초기에는 신도들이나 수행자들이 방 앞뜰에서 아무렇게나 방뇨를 한 모양이었다. 그래서 울타리를 치고 항아리를 묻어 해우소를 만들고 그곳에서만 용변을 보도록 했다. 계율서인 『사분율』 22권에는 풀이나 채소 위에 대소변을 보지 말라는 내용이 들어 있는데, 이는 부처님 당시에 이미 해우소가 있었고, 해우소를 이용하는 법이 계율로 정해져 있었음을 말해준다. 중국의 수행 규율서인 『선원청규』에 보면 해우소 이용법이 나와 있다. 깨끗하게 사용할 것, 침묵할 것, 손을 반드시 씻을 것 등이다. 그리고 볼일은 미리 볼 것이며, 급박하게 맞닥뜨려 다급하게 보아서는 안 된다고 했다. 그 밖에 코를 풀고 침을 뱉거나 소리 내어 힘을 주거나, 벽에 그림을 그리거나 낙서를 해서는 안 된다고 가르치고 있다.

해우소는 승당, 욕실과 함께 함부로 말을 해서는 안 되는 경내의 삼묵당(三黙堂) 가운데 하나이다. 보조 지눌이 지은 『계초

심학입문』에는 '수묵무언설수방호잡념(須默無言說須防護雜念)'이라는 내용이 있는데, 삼묵당에서는 침묵을 지켜서 잡념이 일어나지 않도록 하라는 훈계이다.

식사 대사(食事大事)라는 말도 있지만, 식사는 배설을 전제 조건으로 한다. 사흘을 굶어도 병이 들지 않지만, 사흘을 못 싸면 병이 들기 때문이다. 따라서 생리적인 배설도 식사 이상의 대사임이 분명하다. 사람은 매일같이 탐진치(불교에서 말하는 깨달음에 장애가 되는 탐욕, 화냄, 어리석음의 세 가지 번뇌)를 먹고 산다. 그것을 내버리지 못하면 업장[憂]이 되어 윤회에서 벗어나지 못한다. 결국 수행이란 탐진치를 끊임없이 버리는 과정이다. 출가 수행자는 잘 싸고 버리는 무소유를 덕목으로 한다. 결국 '해우'라는 말은 '버림'과 '무소유'의 다른 이름이기도 하다. 버림과 무소유의 공간인 해우소는 수행의 공간일 수밖에 없다.

예로부터 불가에서는 해우소를 드나들 때 입측오주(入厠五呪)를 암송해왔다. '입측진언(入厠眞言)', '세정진언(洗淨眞言)', '세수진언(洗手眞言)', '거예진언(去穢眞言)', '정신진언(淨身眞言)'이 그것이다. 이 진언들이 암송하기 쉽도록 용변칸이나 출입구에 붙어 있다. 수행자들은 이 진언들을 통해서 수행의 자세를 가다듬는다. 또 이 진언들은 해우소에서 일어날 수 있는 불상사를 예방하는 방편이자 이용자가 지켜야 할 생활 규범이기도 하다.

입측진언 "옴 하로다야 사바하"(세 번)

먼저 문을 열기 전 손가락으로 세 번 노크를 하면서 입측진언을 외운다. "비우고 또 비우니 큰 기쁨일세. 탐진치도 이와 같이 버려서 한 순간도 허물을 없게 하라." 이렇게 해야 똥을 먹는 담분귀(귀신)가 똥을 먹다가 비켜준다고 한다. 그렇지 않으면 담분귀가 화가 나 들어오는 사람을 걷어차서 배탈이 나게 한다는 이야기가 불가에 전해온다.

세정진언 "옴 하나마리제 사바하"(세 번)

용변을 마치고 왼손으로 뒷물을 하면서 외는 진언이다. "비워서 청정함은 최상의 행복, 꿈같은 세상살이 바로 보는 길, 온 세상 사랑하는 나의 이웃들, 청정한 저 국토에 어서 갑시다."

세수진언 "옴 주가라야 사바하"(세 번)

손을 씻을 때 외는 진언이다. "활활 타는 불길 물로 꺼진다. 타는 눈 타는 경계 타는 이 마음, 맑고도 시원스런 부처님 감로. 화택을 건너뛰는 오직 한 방편일세."

거예진언 "옴 시리예바혜 사바하"(세 번)

모든 더러움을 제거하고 해우소를 나올 때 외는 진언이다. "더러움을 씻어내듯 번뇌도 씻자. 이 마음 맑아지니 평화로울 뿐. 한 티끌 더러움도 없는 세상이 이생을 살아가는 한 가지 소원."

정신진언 "옴 바아라 뇌가닥 사바하"(세 번)

몸이 깨끗해졌음을 확인하며 외는 진언이다. 용변 후 법당에 들어갈 때 왼다. "한 송이 피어나는 연꽃이런가. 해 뜨는 푸른 바다 숨결을 본다. 내 몸을 씻고 씻어 이 물마저도 유리계 푸른 물결 청정수 되리."

이 진언들은 해우소를 이용할 때 지켜야 할 마음가짐이다. 이를 통해 배설이라는 가장 속스러운 행위가 가장 성스러운 수행으로 승화된다. 한편 이 진언들은 간접적으로나마 전통 해우소의 구조와 이용법을 짐작케 해준다.

『사미율의』

스님이 되기 위해서는 1년 동안의 행자 과정을 거쳐야 한다.

『사미율의』는 행자가 사찰에서 지켜야 할 생활 규율을 적은 책이다. 1973년 해인사에서 펴낸 『사미율의』에 보면, '뒤깐 가는 법'이라는 항목이 따로 나와 있다. 간단히 줄여서 옮겨보면 다음과 같다.

> 대소변을 하게 되면 곧 갈 것이니, 오래 참다가 급하게 설치지 말거라.
> 뒤깐 앞에 가서는 손가락을 세 번 튕겨서 안에 사람이 알게 한다.
> 안에 있는 사람을 나오라고 하면 못쓴다.
> 뒤깐에 들어가서도 세 번 손가락을 튕기고, 가만히 게송을 외운다.
> "중생들과 같이 탐진치를 버리고 죄를 덜어지이다."
> 머리를 숙여 아래를 보면 못쓴다.
> 꼬장가리로 땅바닥을 끄적거리면 못쓴다.
> 힘쓰는 소리를 내면 못쓴다.
> 곁에 사람과 이야기하면 못쓴다.
> 벽에 침을 뱉으면 못쓴다.
> 사람을 만나 인사하면 못쓰니, 몸을 기울여 비켜야 한다.
> 걸어가면서 허리끈을 매면 못쓴다.

소변할 적에도 소매를 걷어 들어가야 하고, 장삼을 입고 용변보지 못한다.

장삼 걸 적에는 잘 개어서 수건이나 허리끈으로 맬 것이니, 첫째는 안에 사람이 들어 있다는 표시를 하는 것이요, 둘째는 떨어지지 않게 하는 것이다.

신발은 반드시 갈아 신어야 하며, 깨끗한 신발로 뒤간에 가면 못쓴다. 뒷물하고 나서는 비누로 손을 씻어야 하고, 씻기 전에는 물건을 만지지 못한다.

**해우소 화두**

**똥 막대기**

운문선사는 육조혜능, 청원행사, 석두희천의 선맥을 잇는 운문종의 종조이다. 그가 남긴 일화에는 똥 이야기가 많이 나온다. 그중에서 누가 선사에게 찾아와 "만법(萬法)은 어디에서 비롯되었습니까?"라고 묻자 "똥 더미에서다."라고 했다는 고사는 그 자체가 화두이다. 또 "어떤 것이 부처입니까?"라는 물음에 "마른 똥 막대기."라고 했다는 유명한 화두도 있다.

장구성 이야기

자연은 중생에게 끊임없이 말하고 있다. 모양으로, 색깔로, 소리로 …… 온갖 메시지를 전해주고 있다. 더러는 속삭임으로, 더러는 몸짓으로 …… 오만 가지 모습으로 중생에게 법문을 해주고 있다. 다만 눈 뜨고 귀 열린 자들만이 보고 들을 뿐이다.

중국의 장구성이라는 선객은 해우소에 들어가 똥을 누려고 힘을 주는 순간 개구리의 울음소리를 듣고 일순간에 대오각성을 했다.

달 밝은 봄날 밤에 한 마리 개구리 울음[春天月夜一聲蛙]
천지를 온통 깨어 하나로 만들었네![撞破乾坤洪一家]

그에게는 똥 누는 일이 화두였으며, 해우소가 수행 공간이었던 셈이다.

참새의 불성

불상의 머리 위에 참새가 날아와 똥을 싸는 것을 보고 한 수좌가 마조의 제자인 동사여회선사에게 물었다. "참새에게도 불성(佛性)이 있습니까?" 그러자, 선사가 "있고말고!" 하였다. "그러면 참새가 어찌 부처님 머리 위에다 똥을 쌉니까?" 하고 수좌가 되받아쳤다. 그 말끝에 선사가 화두를 던졌다. "그것은 참새가 새매의 대가리에는 왜 똥을 싸지 않는지 가르쳐주는 것이지."

오줌 누는 일

한 수좌가 조주선사에게 물었다. "세상에서 가장 절박한 일이 무엇입니까?" 그러자 조주가 "오줌이나 좀 눠야겠다." 하면서 자리에서 일어났다. 이 일화에서 나온 화두가 그 유명한 '요시소사(尿是小事)'이다. 오줌 누는 일은 작은 일이지만, 스스로가 하지 않으면 안 된다는 뜻일 것이다. '먹는 일'은 '싸는 일'에 비하면 오히려 소사에 지나지 않는다.

### 3. 전통 해우소 건축

우리나라에는 전통에 충실한 해우소가 아직 30여 개가 남아 있다. 여기서는 그중에서 가장 규모가 큰 순천 조계산 선암사, 관리가 가장 잘되고 있는 조계산 송광사, 원형을 복원해 강원도 문화재자료 제132호로 지정된 영월 태백산 보덕사, '해우소' 명칭을 처음 썼다는 사천 다솔사, 300년 역사를 자랑하는 문경 운달산 김룡사, 서산 상왕산 개심사, 구례 지리산 연곡사, 안성 서운산 석남사 등 8개소를 표본으로 하여 전통 해우소 건축을 정리하였다.

## 해우소의 위치

### 가람 중심축의 외곽에 자리하고 있다

우리나라의 사찰들은 평지보다 산지에 위치해 있는 경우가 월등히 많다. 사찰의 가람배치는 전통적으로 일주문, 금강문, 천왕문, 누각, 석탑, 석등, 대웅전 등을 중심축으로 하고 있다. 전각의 품격도 지대가 높을수록 높아진다. 따라서 하위에 속하는 해우소는 모두 가람배치의 중심축에서 멀리 벗어나 아래쪽 외곽에 자리하고 있다.

해우소를 멀리 둔 이유는 냄새를 줄이고 거름을 위생적으로 처리할 수 있기 때문이다. 야밤에 볼일 보러 나오면 밤하늘을 쳐다보거나 바람을 쐬거나 풀벌레 우는 소리를 듣는 운치 있는 기회를 가질 수 있다.

### 비탈에 자리하고 있다

산중의 사찰은 평지 사찰과는 달리 건축 공간을 마련하는 데 어려움이 있다. 좁은 공간을 효율적으로 활용하기 위해 대개의 해우소는 쓸모가 적은 비탈이나 자투리땅을 이용해서 지어졌다. 비탈이라고는 하지만 대개는 돌로 축대를 쌓은 석단의 가장자리에 위치하고 있다. 비탈은 채광과 통풍이 평지보다 유리하다. 해우소의 건축 구조가 다락형으로 지어진 것도 그런 지형 조건의 산물이라고 할 수 있다.

채마밭을 가까이에 두고 있다

해우소에서 생산되는 거름을 채마밭으로 쉽게 운반하기 위해 해우소는 대개 경작지 가까이에 자리하고 있다. 밭이 멀리 있어서 작업 동선이 길면 노동 효율도 떨어질 뿐 아니라, 똥오줌을 실어내는 과정에서 냄새를 많이 풍기게 되는 결점이 있기 때문이다. 보덕사의 경우는 변조칸의 출입구가 아예 밭둑에 접해 있다.

개울과 인접해 있다

상당수의 해우소는 개울과 가까운 거리에 있다. 개울물을 뒷물로 이용하기 쉽고, 청소를 할 때 쉽게 길러다 쓸 수 있기 때문이다.

북향이 많다

산중 사찰은 남향이다. 따라서 대개의 해우소 출입구는 북서향 또는 북동향으로 앉아 있다. 그러나 경남 사천 다솔사의 경우처럼 지형에 따라 해우소의 방향이 달라질 수도 있다.

해우소의 형태

평면 형태는 일(一)자형과 정(丁)자형이 대부분이다

선암사, 송광사, 연곡사 등 대찰의 해우소는 정자형이며, 나머지는 모두 일자형이다. 정자형은 일자형에다 골마루[廊下]를 앞으로 길게 빼서 마치 복도처럼 출입구를 두고 있다. 일자형에서는 대개 정면에 출입구를 두기도 하지만, 다솔사처럼 측면에 출입구를 낸 경우도 있다.

대찰일수록 면적이 넓다

해우소는 공중용이다. 따라서 기거하는 신도의 숫자가 많을수록 넓은 면적이 필요하다. 태고종의 본찰인 선암사 해우소는 정면 6칸에 측면 2칸이다. 정자형 건물이라 전체로는 26간이나 되는, 우리나라에서 가장 큰 규모의 해우소이다. 삼보 사찰인 송광사는 19평, 연곡사는 16평이다. 일자형 구조의 작은 해우소들은 보덕사 7평 등 대개 10평 미만이다.

### 중층 다락 구조가 많다

전통 해우소는 중층 다락 구조를 갖고 있다. 여기서 다루는 해우소 외에도 전국에 남아 있는 전통 해우소는 모두 다락 구조로 되어 있다. 앞에서 보면 단층 구조이지만, 뒤에서 보면 중층 구조가 확연히 드러난다. 중층 구조는 위층에 용변칸을 두고 아래층에 변조칸을 두고 있다.

해우소가 중층 다락 구조를 갖게 된 이유는 해우소가 자리한 지형이 비탈이나 석단의 가장자리이기 때문이다. 황룡사나 분황사처럼 비탈 또는 석단이 없는 평지가람의 경우라도 지대를 북돋워서 해우소를 중층 다락 구조로 건축하여 사다리나 계단을 두었을 것으로 추측된다. 구례 운조루에는 아래층의 계단을 타고 올라가서 용변을 보는 중층 구조의 뒷간이 남아 있다.

또 다른 이유는 해우소가 여러 사람이 사용하는 공중 뒷간이기 때문이다. 즉 많은 양의 변을 저장해야 하기 때문에 아래층에 별도의 큰 변조칸을 두게 된 것이다. 또 신영훈은 해우소가 다락집으로 된 것은 행여나 있을지 모를 짐승들의 해코지를 막기 위함이라고 했다. 산간 절에는 짐승이 많아서 새벽 도량석(사찰에서 새벽에 치르는 의식의 하나)에서도 만나고 새벽 뒷

**앞에서 바라본 송광사의 해우소**

일 보러 가다가도 만나곤 했을 것이다.

맞배지붕과 우진각지붕이 흔하다

해우소는 기와지붕이 절대다수를 차지한다. 오대산 중사자암 해우소의 너와지붕은 유일한 예외이다. 개심사 해우소도 원래 기와지붕이었으나, 가벼운 슬레이트지붕으로 바꾸었다.

일자형 해우소는 주로 맞배지붕 양식을 채택하는데, 송광사의 정자형 해우소는 우진각지붕과 맞배지붕을 합친 형태이다. 어느 경우나 처마는 홑처마로 되어 있다. 대개는 막새를 두지 않았으나, 송광사는 아름다운 문양의 암수막새로 마감했다.

### 해우소 주변 환경

 송광사의 경우는 해우소 입구 좌우에 홍련지와 백련지라는 2개의 연못을 두고 있는데, 이런 구조는 다른 절에서는 찾아볼 수 없다. 여름이면 연못에 수련이 피고, 고기가 놀고, 잠자리가 날아다닌다. 이 정도면 해우소가 아니라 해우정이 된다. 해우소가 앉은 대지도 연못에서 파낸 흙으로 높였다.
 선암사의 경우는 해우소 앞에 사철나무로 바자울(울타리)을 했다. 나머지 해우소들은 별다른 조경 시설이 없다.

### 해우소의 구조

#### 기둥

 해우소의 아래층은 다듬지 않은 덤벙주초 위에 둥근 기둥을 세우고, 위층은 각기둥을 세운다. 아래층의 두리기둥은 튼실하기도 하지만, 위층의 하중을 시각적으로 상쇄시켜주고 있다. 두리기둥의 경우라도 대개는 다듬지 않은 자연목을 그대로 사용하고 있다. 송광사와 보덕사의 경우도 근래 복원되기 전에는 아래위층의 기둥이 모두 자연목이었다.

또 송광사를 제외하고는 해우소가 모두 단청을 하지 않은 백골집이다. 송광사의 해우소도 새로 복원하기 전에는 단청을 하지 않은 백골집이었다.

### 벽체

해우소의 벽체는 널빤지를 이용한 판벽(널빤지로 만든 벽), 회벽(석회를 반죽하여 바른 벽), 토벽(흙벽)으로 이루어져 있다. 규모가 큰 해우소는 판벽과 회벽으로 되어 있지만, 나머지 해우소는 대개 아래위층이 모두 판벽으로 되어 있다. 8개 해우소 가운데 연곡사의 변조칸만 시멘트 구조물로 되어 있다.

틈이 많은 판벽으로 변조칸 벽체를 치는 것은 낙엽, 왕겨, 톱밥 등의 매질(媒質)이 수분(오줌)을 흡수해주기 때문이다. 그리고 토벽은 보온 보습 기능이 탁월하다.

### 출입구 골마루

정자형 해우소는 서양집의 현관과 같은 복도식 골마루가 길게 나와 있다. 해우소를 이용하는 사람은 그 골마루를 통과해야 용변칸에 들어갈 수 있다. 골마루 아래층 공간은 낙엽, 재, 톱밥, 대팻밥 등 매질을 저장하는 공간이다.

예전에는 골마루 입구에 횃대가 설치되어 있어서 장삼을 벗어서 걸 수 있었다. 그러나 현재는 횃대를 볼 수 없다. 횃대가 없는 경우는 장삼을 개어서 깨끗한 곳에 얹어두고 들어가서 일을 보았다. 그래서 '해우소'라는 말이 '해의소(解衣所)'에서 나왔다는 이야기도 있다.

앞에서 본 『사미율의』에 보면 "신발은 반드시 갈아 신어야 하며, 깨끗한 신발로 뒷간에 들어가면 못쓴다."는 내용이 있다. 이는 출입구 골마루에 뒷간용 신발을 따로 비치해두었다는 이야기이다. 그러나 현재 남아 있는 해우소에서는 전혀 그것을 찾아볼 수 없다. 비구니 수행처인 오대산 영감사 해우소는 신발을 벗고 들어가도록 되어 있고, 수덕사 견성암 해우소도 슬리퍼를 신고 다니도록 되어 있다.


살창

해우소 벽체에는 살창이 있어서 채광과 통풍을 도와준다. 큰 해우소는 아래위층 모두 살창을 두고 있으나, 규모가 작은 해우소는 위층에만 살창을 두고 있다. 개심사와 연곡사의 경우는 살창 대신 벽체와 지붕 사이에 틈을 두어 채광과 통풍을 돕고 있다.

위층의 용변칸 살창은 햇볕과 바람을 불러들여 용변칸을 쾌적하고 위생적으로 만들어준다. 어쩌다 실수를 해서 부출에 오

선암사 해우소 살창

줌이 흘러도 살창을 통해 들어온 햇볕과 바람이 뽀송뽀송하게 말려준다. 또 살창은 용변칸을 반음 반양의 쾌적한 상태로 만들어주기 때문에 파리가 쉽게 범접하지 못한다.

그리고 살창을 사이에 두고 안팎에 음양 조도의 차이가 많이 나서 눈을 살창에 갖다 대지 않는 이상 외부인은 용변칸 내부의 동정을 볼 수 없다. 반면 내부의 용변자는 살창을 통해 바깥을 훤히 내다볼 수 있다. 선암사의 경우는 용변칸에 앉으면 절을 찾아 올라오는 내방객들의 일거수일투족이 모두 내다보인다. 보덕사의 경우는 바깥 동정을 볼 수 있도록 십자형 구멍이 뚫려 있다.

아래층 변조칸의 살창 역시 채광과 통풍을 위한 시설이다. 원활한 통풍은 냄새를 줄여줄 뿐만 아니라 똥오줌을 발효시키는 호기성 미생물에 산소를 공급하여 왕성한 활동을 도와준다. 살창을 통한 햇볕 역시 똥오줌을 건조시키고 냄새를 줄이는 데 큰 역할을 한다. 살창은 똥오줌에서 나오는 메탄질소암모니아 가스를 밖으로 방출시켜 냄새를 줄여준다. 선암사와 송광사의 경우는 출입구의 상하 좌우에도 살창을 냈다.

### 용변칸

중층 다락 구조를 '고상(高床)' 구조라고 하는데, 글자 그대로 '높은 평상'이다. 중층 다락 구조에서는 고상이 곧 부출이 된다. 이용자는 그것을 딛고 용변을 본다.

대부분 용변칸은 여러 사람이 한꺼번에 일을 볼 수 있도록 여러 개가 마련되어 있는데, 용변칸의 숫자는 해우소 면적에 비례한다. 선암사 12칸, 송광사 10칸, 연곡사 10칸, 보덕사 12칸, 다솔사 6칸, 개심사 6칸 등이다.

원래 해우소에는 남녀용이 따로 없었으나, 근래 들어 '남·여' 표지를 붙인 곳이 늘어나고 있다. 정자형 해우소의 경우는 골마루를 중심으로 남녀칸이 좌우로 구분되어 있고, 일자형의 경우는 복도를 가운데 두고 남녀칸이 서로 마주보게 되어 있다.

해우소는 문이 없는 개방 건물이다. 들어가는 해우소 출입구는 물론 각 용변칸에도 칸막이만 있을 뿐 문이 없는 것이 특징이자 전통이다. 용변칸의 칸막이 높이 역시 어른 가슴께 정도이며,

**송광사 용변칸**

용변을 보기 위해 들어가면 칸칸이 앉은 사람들을 한눈에 다 볼 수 있는 열린 구조로 되어 있다. 그러나 개인주의적이며 폐쇄적인 서구 문화의 영향으로 전통 해우소에도 하나둘씩 문짝이 생기고 조금씩 칸막이가 높아지기 시작했다. 송광사 해우소는 천장 가까이까지 판벽을 높이고 칸마다 문짝을 달았다.

용변칸 바닥은 모두가 마룻바닥 형태이다. 용변칸의 부출에 앉으면 아래가 깊어서 마치 허공에 떠 있는 것 같은 기분이 든다. 그래서 해우소를 '밑 빠진 배'에 비유하기도 한다. 해우소의 모든 천장은 서까래가 드러나는 연등천장이다. 천장을 높게 만든 것은 통풍을 위해서이다. 송광사에서는 골마루에 따로 남성용 소변기 2개를 설치해 오줌을 분리하고 있다. 다른 해우소에서도 오줌통을 따로 마련하고 있다.

### 변조칸

대개의 해우소는 북향이다. 따라서 변조칸 출입문이 있는 해우소의 뒷쪽은 일조량이 풍부한 남쪽에 위치해 있다. 해우소 뒷쪽에는 채광과 통풍의 효과를 높이고, 해우소 건물에 그늘이 지지 않도록 적당한 공간이 확보되어 있다. 이 공간은 변조칸의 발효된 거름을 실어내는 데 필요한 최소한의 작업 공간이기도 하다.

송광사는 해우소 뒤에 낮은 담장을 두르고, 외부인의 출입을 차단하는 대나무 가리개 문을 세웠다. 그러나 보덕사나 김룡사처럼 변조칸을 그대로 노출시킨 곳도 있다. 변조칸을 감추기 위해 애써 숲을 바짝 붙여서 조성하거나 담을 높게 쌓으면 나쁜 냄새가 잘 빠지지 않고 습해서 위생에 좋지 않은 영향을 미치기 때문이다.

이런 우스갯소리가 있다. 송광사 스님이 선암사 스님을 만나 자기 절간 자랑을 늘어놓았다. "솥이 얼마나 큰지, 솥 안에 들어가 배를 타고 죽을 쑨다."고 했다. 이에 질세라 선암사 스님이 "우리 뒷간은 어찌나 깊은지, 어제 눈 똥이 아직도 안 떨어졌다."고 대답해서 송광사 스님의 입을 막았다는 이야기다.

변조칸 내부는 사람이 들어가 작업을 할 수 있을 만큼 넓고 깊다. 특히 정자형 구조인 선암사와 송광사의 해우소는 리어카

나 경운기가 들어갈 수 있을 정도로 넓다. 깊이는 1.7~2미터이다. 변조칸을 넓고 깊게 만드는 이유는 공기와 습기의 원활한 소통을 위해서이다. 또 똥오줌이 발효되려면 상당한 시간이 필요하며, 충분히 발효될 때까지는 그것을 변조칸 안에 저장해두어야 하기 때문이다. 변조칸이 너무 작으면 발효가 되기도 전에 똥오줌을 자주 비워야 하는 문제가 생긴다. 그리고 분뇨가 계속 쌓여 양이 많아지면 적당한 때를 봐서 옆쪽 공간으로 옮겨서 뒤적여주어야 하기 때문에 내부 공간이 넓어야 한다.

　변조칸의 천장은 위층의 마루와 부출이다. 변조칸에서 올려다보면 위층에서 용변을 보는 사람의 밑이 다 보인다. 요새는 훔쳐보기 병에 걸린 사람들이 많아서 각 사찰에서는 외부인이 변조칸 안으로 함부로 들어서지 못하도록 관리 감독을 잘해야 할 것이다. 변조칸 바닥은 흙바닥이다. 바닥을 시멘트로 덮으면 숨을 못 쉬기 때문이다. 제대로 건조되고 발효된 똥은 냄새가 나지 않는데, 땅이 숨을 못 쉬면 똥은 건조되지도 발효되지도 못하고 썩을 수밖에 없다.

## 4. 해우소의 관리

### 분뇨 처리

전통 해우소의 분뇨 처리 시스템은 크게 두 가지이다. 하나는 매질을 이용하여 분뇨의 습기를 흡수 발산시켜서 뽀송뽀송하게 건분화한 다음 거름으로 사용하는 방법과 분뇨를 깊고 넓은 변조칸에 오래 저장하여 액비로 만든 다음 거름으로 퍼내는 방법이 있다.

### 매질 방식

해우소의 용변칸이나 골마루에는 낙엽, 톱밥, 왕겨, 잘게 썬 짚, 대팻밥 등과 같은 매질을 담은 그릇이나 자루가 놓여 있다. 매질은 용변을 본 후에 뒤지로 사용하기도 하지만, 바가지로 그것을 퍼서 아래쪽 변조칸으로 뿌리도록 되어 있다. 다음 사람은 뿌려진 매질 위에다 용변을 본다. 그리고 일꾼들은 변조칸 뒤에 따로 비치된 매질을 퍼서 변조칸의 똥오줌 위에 수시로 덮어준다.

매질로 사용하는 낙엽은 대개 산에서 긁어다 저장해서 쓰고, 톱밥이나 대팻밥 등은 건축불사 때 모아두었다가 쓴다. 왕겨나

짚은 시중에서 구해서 쓴다. 재는 온돌방과 부엌에서 나오는 것으로 충당하고 있다. 청암사의 경우는 여름에 풀을 베어 말려두었다가 쓰고 있다. 정자형 해우소는 골마루의 아랫칸을 매질을 저장하는 공간으로 활용하고 있다.

매질을 뿌리는 까닭은, 첫째는 매질이 똥오줌을 거름으로 만들어주기 때문이며, 둘째는 수분(오줌)을 흡수하여 병균의 번식을 억제하고, 벌레들의 접근을 막아주기 때문이다. 셋째는 똥오줌을 덮어서 냄새를 줄여주고, 다음 사용자에게 시각적으로 혐오감을 주지 않기 때문이다.

박테리아는 산소(공기)를 좋아하는 호기성 박테리아와 산소를 싫어하는 혐기성 박테리아로 나누어진다. 똥은 호기성 박테리아의 활동이 왕성하며, 오줌은 혐기성 박테리아의 활동이 왕성하다. 호기성 박테리아는 똥 속의 영양분을 먹고 부식 활동을 하는 과정에서 발효를 시키는 동시에 열을 발생시킨다. 호기성 박테리아는 발효 찌꺼기만 남기는데, 이것이 식물에게 필요한 고단위 영양제인 거름이 되는 것이다.

낙엽이나 톱밥 등은 똥을 발효시키는 호기성 박테리아의 원활한 활동을 도와주는 통기성 매질이다. 통기성 매질은 보습력이 강해서 똥 속의 수분을 흡수하여 호기성 미생물에게 산소를 공급해주고 활동을 도와준다. 중간 매질 없이 공기가 차단된 채

똥이 그냥 쌓이기만 할 경우 호기성 박테리아의 활동이 매우 더디게 된다.

선암사의 경우는 재를 다른 매질과 함께 사용하고 있다. 재는 습기를 빨아들여 냄새를 줄여주고, 똥의 고형화를 도와주어 저장이나 운반을 수월케 해준다. 이렇게 된 똥재(분재)는 거름의 알칼리화를 촉진시키고, 땅의 산성화를 중화시켜준다.

사찰 해우소가 생태적 뒷간일 수 있는 이유는 이와 같이 똥을 거름으로 재활용한다는 데 있다. 똥을 미생물의 도움을 받아 흙으로 돌아가게 하는 것이다. 그 똥거름은 식물의 성장에 필요한 영양분을 듬뿍 지니고 있다. 그뿐만 아니라 땅을 중화시켜 땅심(힘)을 길러준다. 산성화로 죽게 된 토양은 똥거름을 통해 다시 살아나 식물을 먹여 살리게 된다.

이런 방식은 똥과 오줌이 분리되지 않은 채 저장되고 수거되는 푸세식(수거식)보다 훨씬 위생적이고 효율적이다.

액비 방식

송광사나 선암사 해우소처럼 건분 시스템을 사용하는 곳에서는 원칙적으로 오줌통을 두고 오줌을 따로 받아낸다. 그래야 건분을 효율적으로 만들어낼 수 있기 때문이다. 부여 군수리 절터에서 요강이 나온 것을 보면 당시에도 오줌을 따로 받았던 것으로 보인다. 조선 시대에는 도자기나 유기로 요강을 만들어 썼다. 오동나무에 옻칠을 한 요강도 유물로 남아 있다. 그러나 해우소에서는 인체 생리상 똥오줌을 분리해서 받아내기가 어려운 것이 사실이다. 그래서 액비 시스템이 생겨난 것이다.

액비 시스템은 쉽게 말해 푸세식 해우소이다. 다만 사찰 해우소에서는 분뇨 저장통인 변조칸이 엄청 넓고 깊다는 점이 특징이다. 공간적으로 볼 때 변기 쪽에서 분뇨가 떨어지는 곳에는 최근에 배설된 분뇨가 쌓이고, 그곳에서 먼 곳에는 오래된 분뇨가 쌓인다. 액비는 비중이 높기 때문에 아래쪽으로 가라앉고, 갓 떨어진 똥들은 윗부분에 떠다니며 발효 과정을 거친다.

혐기성 박테리아는 오줌 속에서 활동이 왕성하다. 이 혐기성 박테리아는 오줌 속에 있는 영양분과 세균을 잡아먹으면서 열을 발생시켜 수분을 증발시킨다. 혐기성 박테리아는 위에서 떨어진 연고 상태의 똥을 액체(액비)로 만들어준다. 액비는 질소와 염분이 들어 있어서 식물에게 썩 좋은 거름이 된다. 퍼낼 때는 위에 떠 있는 분뇨 덩어리를 밀치고 아래쪽의 곰삭은 액비만을 퍼서 채마밭에 거름으로 뿌리는 것이다. 이 액비는 열매나 채소, 과일나무에 특히 좋다. 그래서 푸세식 해우소 주변에는 감나무, 은행나무, 대추나무, 호두나무 등을 많이 심는다.

## 거름 이용

매질을 사용하는 경우에는 매질의 화학작용으로 똥이 발효되어 뽀송뽀송해지면 삽으로 쳐서 변조칸 한쪽에 모아둔다. 선암사에서는 그 과정에서 수시로 재를 덮어준다. 따라서 변조칸에는 발효를 거친 똥과 새 똥이 자연 분리되어 쌓인다. 재가공 과정을 거쳐 거름이 된 것은 1년에 한두 차례 수거하며, 수거된 거름은 곧장 농작물에 주지 않고 밭가에 웅덩이를 파고 모아두었다가 주기도 한다.

송광사의 경우는 매월 1회 공양간에서 나오는 음식쓰레기를 해우소에서 나오는 거름과 섞어서 1개월가량 퇴비 창고에 저장해 발효시킨 다음 1만여 평의 채마밭에 거름으로 공급하고 있다. 해인사의 암자인 국일암에서도 매질을 이용해 텃밭을 가꾸고 있다. 석남사 해우소의 경우에는 액비 방식을 채택했는데, 1년에 한 번 정도 액비를 퍼서 과일이 열리는 나무 아래에 준다.

이렇듯 사찰 해우소는 인간이 섭취한 음식물이 마지막으로 처리되는 곳이자 또 다른 생명으로 환원되는 곳이기도 하다. 해우소의 의미는 자연과 인간이 '음식 → 똥 → 거름 → 음식'이라는 생명의 순환 시스템 속에서 하나가 된다는 데 있다.

## 밑씻개

옛날에는 항문을 '밑'이라고 했고, 용변을 보고 밑을 닦는 재료를 '밑씻개'라고 했다. '뒤'라고 할 때는 밑씻개를 '뒤지'라고 했다.

중국은 진나라 때부터 대나무 주걱이나 긴 나무 조각을 '밑씻개'로 사용해왔다고 한다. 운문선사의 화두인 '똥 막대기'도 밑씻개 도구로 전해온다. 옛날 중국 해우소에는 팽이처럼 나무를 깎아 만든 막대기가 있었는데 대변을 본 뒤에 휴지 대신 이 막대기를 썼다고 한다.

일본 지쿠젠의 백제 유적에서도 길이 20~25센티미터에 너비가 1~2센티미터인 뒷간 주걱이 나왔다. 또 자료에 따르면 일본의 도요토미 히데요시는 왕겨로 밑을 닦았다고 한다. 그의 원찰(願刹)이자 별장이었던 서본원사(西本願寺) 해우소의 큰 독에 왕겨가 항상 그득 담겨 있었다고 한다. 전통 해우소에서는 낙엽이나 짚 등을 자루에 항상 담아서 용변칸에 비치해두고 그것으로 밑을 닦았다. 밑씻개와 매질의 겸용이다.

중동과 같은 사막 지방에서는 모래로 똥을 덮고, 모래로 뒤를 닦는다. 모래는 수분을 흡수 증발시켜서 똥을 쉽게 건조시킨다. 사막의 모래는 먼지만큼이나 입자가 작아서 뒤를 닦을 때 아프거나 쓰리지 않다.

아무래도 우리나라에서 가장 보편화된 밑씻개는 식물의 잎이었을 것이다. 비교적 잎이 넓고 구하기 쉬운 것으로는 호박잎과 박잎이 있었다. 호박과 박을 심어 넝쿨을 뒷간에 올린 것도 그 때문이다. 여름이 되면 그 잎사귀들이 떡잎이 되어 뒷간의 거적문 아래까지 늘어지기 때문에, 크게 움직일 것도 없이 손만 내밀면 낚아챌 수 있는 잎사귀 하나를 뜯어서 하고자 하는 일을 해결하였다. 옥수수의 속껍질도 좋은 밑씻개였다. 그것을 모아두었다가 부드럽게 비벼서 사용했다. 이러한 밑씻개는 똥과 함께 섞여서 썩 좋은 퇴비가 된다. 또 깨끗한 자갈돌을 주어다 뒷간 구석에 놓아두고 그것으로 뒤를 닦기도 했다. 겨울철에는 집 안 여기저기에 지천으로 뒹굴고 있던 짚단을 이용했다. 거기서 나온 지푸라기의 섶을 뜯어내어 손가락 두 개 크기로 뭉쳐 뒷간 구석에 쌓아두면, 살결이 연약한 아이들이라 하더라도 항문 부위에 상처를 내지 않고 뒤를 가볍게 닦아낼 수 있었다.

### 뒷물

앞에서 살펴본 『사미율의』에 "뒷물하고 나서는 비누로 손을 씻어야 하고, 씻기 전에는 물건을 만지지 못한다."라는 내용이 있는 것으로 보아 용변 후에 물로 밑을 씻는 뒷물 풍습은 불가의 전통으로 짐작된다.

예전 TV 광고 가운데 사찰의 해우소를 소재로 한 광고가 있었다. 동자승이 세숫대야에 물을 담아 들고 해우소에 들어가 일을 보고 있는 큰스님을 기다리는 내용이다. 그 장면에서 동자승이 들고 있는 물이 밑씻개물이다. 해우소 안에서 큰스님이 기침을 하면 뒷물을 해우소 안으로 들여놓게 된다.

인도와 동남아 여러 불교 국가에서는 아직도 뒷간 안에 밑을 씻을 물을 준비해두고 사람들이 용변 후 그 물에다 손을 씻도록 되어 있다. 빈민촌에서는 빈 깡통에 물을 담아 왼손 손가락으로 밑을 닦은 후 그 물로 손을 씻는다.

### 현재의 해우소

전통 해우소라도 현실적으로 모두 전통적인 방식을 사용하는 것은 아니다. 매질의 부족, 일손 부족 등으로 매질 공급이 원활하지 못한 곳도 있다. 많은 해우소가 매질을 사용하지 않고 있다. 매질을 사용하지 않는 해우소는, 울진 불영사처럼 푸세식으로 변조의 구조를 바꾸거나 화순 쌍봉사처럼 아예 그대로 방치해두고 있다. 매질을 사용하지 않으면 해우소도 생태적일 수가 없다. 구조만으로는 친환경적 효과를 거두기 어렵기 때문이다.

전통 해우소 이용자들은 대개 밑씻개를 화장지로 쓰고 있다. 시중에서 판매되는 일반 두루마리 뒤지(화장지)는 방부제와 표백제를 비롯해 각종 화학물질이 들어가 있어서 자연 발효가 잘 안 된다. 그뿐만 아니라 미생물들을 죽이거나 발효를 방해하기까지 한다.

대개는 해우소 용변칸에 밑씻개를 따로 모으는 그릇이 있지만, 이용자들이 잘 지키지 않는다. 또 변조칸을 쓰레기통쯤으로 알고 포장지, 생리대, 담뱃갑, 비닐, 캔 등을 함부로 버리기도 한다. 이 때문에 변조칸에서 수거한 거름을 채마밭으로 그대로 실어내지 못하고 일일이 골라내는 수고로움이 있다.

## 전통 해우소가 사라지는 까닭

요즘 사찰 해우소들은 외양만 기와집에 판벽을 둘렀을 뿐 내부는 거의가 수세식이다. 개중에는 짓기만 하고 관리가 제대로 안 된 곳도 적지 않다. 원래 사찰 해우소는 수세식 화장실의 문제를 근본적으로 해결해주는 생태적 화장실이지만, 다음과 같은 여러 가지 이유로 점차 자취를 감추어가고 있다.

첫째, 우리 사회의 전반적인 서구화이다. 사찰을 찾는 사람들이 전통 해우소를 외면하고 쾌적하고 편리한 서구식 수세식 화장실을 요구하고 있다. 현대인들은 전통 해우소의 개방 구조에 거부감을 느낀다. 당국에서도 외국인들에게 나쁜 이미지를 심어준다는 선입관에 얽매여 전통 해우소를 버리고 수세식 화장실로 개조하도록 끊임없이 압력을 넣고 있다. 불교계 역시 전통 해우소 개보수를 최우선 과제로 삼고 정부에 지원을 요청하고 있는 실정이다.

둘째, 교통과 통신의 발달로 사찰을 찾는 사람들이 기하급수적으로 늘어났다. 따라서 늘어나는 분뇨량을 자연발효 방식으로는 감당하기 어렵게 되었다. 변조의 분뇨가 빨리 차면 자연발효를 기대할 수 없게 된다. 따라서 관리와 수거가 쉬운 수세식으로 대체되고 있다.

셋째, 사찰의 경제구조의 변화이다. 과거와는 달리 요즘은 직접 농사를 짓는 절이 거의 없다. 농사를 짓던 사하촌도 거의가 관광시설 지구로 변하였다. 따라서 해우소에서 나오는 거름을 소비할 곳이 없어졌다. 설령 몇 뙈기 짓는다 하더라도 손쉬운 화학비료에 의존하기 때문에 해우소를 통해서 나오는 똥거름을 더 이상 쓰지 않게 되었다.

넷째, 생활 패턴의 변화로 사찰 건축의 구조와 관리 시스템이 많이 바뀌었다. 난방과 취사의 주원료가 나무에서 석유와 가스 같은 화학연료로 바뀌면서 온돌방이 없어지고 아궁이가 없어졌다. 따라서 중요한 매질의 하나인 재(灰)의 생산이 중단되었다.

다섯째, 일손 부족이다. 변조가 워낙 크다 보니 관리하고 수거하는 일도 사찰로서는 큰일이다. 예전에는 사찰에 기거하며 잡일을 하는 인력이 많았으나, 지금은 구인난에 처해 있다. 따라서 인력 부족으로 인해 해우소 관리가 매우 힘든 상황이다.

여섯째, 전통 해우소는 건축비가 비싸다. 전통 해우소는 목조기와 구조이기 때문에 건축비가 상상 외로 많이 든다. 더구나 사찰 해우소의 규모가 날로 대형화되면서 재정적인 어려움이 심해지고 있다. 정부나 지자체의 지원 없이는 엄두를 내기 어렵다. 따라서 사찰에서는 전통 해우소를 거부하고 적은 돈으로 손쉽게 지을 수 있는 수세식 화장실을 부득이 선택하게 된다.

## 5. 그 밖의 전통 해우소들

### 양산 내원사

내원사는 비구니 스님들의 수행처로, 천성산 용연천의 최상

류에 위치하고 있다. 비탈에 자리한 해우소는 맞배지붕에 중층 다락 구조의 전통 형태를 갖추고 있다. 다만 판벽을 대신한 회벽과 마루식 나무 바닥을 대신한 시멘트 바닥이 전통과는 멀다. 해우소 안에는 톱밥을 담은 함이 있고, 작은 바가지로 톱밥을 퍼서 변조칸에 뿌리도록 되어 있다. 변조칸에서 나온 거름은 공양간에서 나온 과일껍질 등과 한데 버무려 삭힌 뒤에 봄에 텃밭 농사에 이용하고 있다.

## 김천 청암사

청암사는 비구니 스님들의 수행처이다. 해우소는 절 마당에서 뚝 떨어져 있는데, 스님들은 '정랑'이라고 부르고 있다. 형태는 판벽을 친 맞배지붕의 중층 다락집이다. 여기서는 변조칸에 칸막이를 두고 낙엽이나 마른 풀잎 등을 한데 모아둔다. 용변을 보고는 바가지로 그것을 퍼서 변조칸에 넣어서 덮는다. 아주 깨끗하고 청결하다. 스님들이 그것을 모아서 채마밭에 뿌려 거름으로 쓰고 있다.

## 순천 송광사 불일암

맞배지붕에 정면 3칸 측면 1칸의 아담 사이즈이다. 부연이 없는 홑처마인데도 처마를 길게 뽑았다. 아마도 비를 막기 위해서일 것이다. 위층의 양쪽 옆면은 살창 없이 널판으로 판벽을 쳤지만, 뒤쪽은 통풍을 위해 긴 살창을 두었다. 아래층 변조는 위쪽에다 살창을 두고, 아래쪽에는 기와와 흙으로 벽체를 쌓았는데, 벽체의 문양이 참 우아하다. 사찰의 토담에서도 흔치 않은 문양이다. 뒤쪽으로는 시원한 대숲이 있다. 대숲에서 나온 찬 공기가 변조의 퀴퀴한 냄새를 깨끗이 없애준다.

## 화순 쌍봉사

쌍봉사에는 해우소가 둘 있다. 수세식으로 지은 스님들 전용 해우소는 담장 안에 있고, 공중용 해우소는 담장 바깥 주차장 옆에 있다. 원래는 경내에 있었으나, 담장을 새로 쌓고 주차장을 만들다 보니 해우소가 바깥에 남게 되었다. 윗층의 용변칸은 판벽과 회벽을 반반씩 쳤다. 남녀 구분이 되어 있으나, 칸칸이 문짝은 따로 달지 않았다. 내부는 비교적 깨끗하지만, 아래층 변조는 콘크리트로 쳐서 옛 모양을 잃어버렸다. 그 바람에 냄새도 나고 관리까지 잘되지 않아서 눈살을 찌푸리게 하고 있다. 게다가 비가 오면 똥오줌물이 개울로 스며들 위험이 있다.

### 울진 불영사

개울이 있는 비탈에 위치해 있고, 중층 다락 구조에 맞배지붕을 얹었다. 해우소를 새로 지으면서 용변칸에 판벽을 치고 바닥도 마루를 깔았다. 용변칸에는 전통을 지켜 따로 문을 달지 않았으나, 변조칸은 콘크리트를 친 절충형이다. 시멘트 변조는 분뇨 수거차가 1년에 몇 차례 와서 똥오줌을 수거해간다.

### 예산 정혜사

수덕사의 산내 암자인 정혜사 해우소는 정상으로 가는 등산로에 접해 있다. 비록 변조칸을 벽돌로 쌓긴 했지만, 중층 구조로 된 전통 해우소이다. 변조칸에서 나오는 거름으로 1,000평 채전을 가꾸고 있다. 그러나 낙엽이나 왕겨 같은 매질을 사용하지 않아서 전통 해우소라고 부르기엔 적합하지 않은 것 같다. 주로 등산객들이 사용하기 때문에 관리에 어려움이 많다.

### 합천 해인사 국일암

　해인사의 산내 암자인 국일암은 비구니 스님들이 수행하는 암자이다. 국일암의 전통 해우소는 작고 허술하지만, 버려진 유물이 아니라 비구니 스님들이 현재 사용하고 있는 해우소이다. 스님들은 변조칸에서 나온 분뇨와 음식물쓰레기 등을 섞어서 발효시킨 다음 이 거름으로 채소를 길러 먹고 있다.

　현재 새로 건축되고 있는 사찰 해우소의 형태는 세 가지이다. 자연발효식 전통 해우소, 수세식 화장실, 그리고 그 둘을 혼합한 화장실이 그것이다. 혼합 화장실의 경우는 겉만 중층 다락형일 뿐 내부 구조나 시스템은 공원에서 볼 수 있는 수세식 화장실이다. 모두 나름대로 장단점을 지니고 있다. 새로운 시도로 화성 신흥사 등 몇 곳의 사찰에서는 수세식 화장실에 중수도 시스템을 도입했다. 그리고 초기 투자가 부담이 되지만, 유기물 제거 효율이 비교적 높고 유지 관리가 쉬운 미생물 조정조를 이용한 발효식 화장실도 여러 사찰에서 선호하고 있다.

　전통 해우소가 생태적인 해우소임에는 분명하지만, 앞서 언급한 조건 아래에서는 옛 전통을 고수하기가 무척 어렵다. 다만 자연과 인간이 하나 되는 '음식 → 똥 → 거름 → 음식'이라는 전통 해우소의 생명 시스템을 현실에 맞게 연구 개발하는 노력이 필요하다.

**4장**
# 생태 뒷간을 가다

## 1. 지리산을 품은 뒷간, 남원 실상사

　전남 남원에 있는 실상사의 뒷간은 전통 사찰의 해우소 양식을 그대로 갖고 있다. 실상사는 똥을 쓰레기로 보지 않는 불교 사상에 입각하여 유기성 자원으로서의 똥이 자연 속에서 순환되도록 하는 환경친화적인 뒷간을 모색하였다. 그 과정에서 지금의 뒷간을 만들었다.
　경사진 산지에 있는 대개의 사찰과 달리 실상사는 평지 사찰이라서 뒷간 또한 2층 구조가 아닌 1.5층의 형태로 되어 있는데, 약간 높인 뒷간 아래의 여유 공간이 퇴비화 공간이다. 소변

실상사의 해우소는 아늑하면서 지리산 풍경과 잘 어울린다.

용 깔때기를 통해 소변을 따로 모으고 있으며, 대변은 전통적인 퇴비화 방식 그대로 톱밥을 이용하여 거름으로 만들고 있다. 볼일을 마친 다음 마대 자루의 톱밥을 한 바가지 퍼서 위에서 뿌리면 (퇴비 공간의 높이가 낮기 때문에) 그대로 똥 위에 톱밥이 뿌려지게 된다. 똥은 발효되면서 수분이 날아가고 부피가 줄어들기 때문에 뒷간이 만들어진 이후 한 번도 치우지 않았다고 한다. 방문객이 많은 사찰이기는 하지만 도시 사람들에게는 낯선 형태의 화장실이기 때문에 사용을 꺼려 대변 발생량이 적지

오줌을 처리하기 위한 시설 내부. 바가지는 맛을 볼 때 쓴다.

않을까 하는 생각도 든다. 실상사에 거주하는 상주 인원은 약 50명, 불교 행사 및 강좌, 수련에 참석하는 사람과 일반 방문객 등이 하루 평균 약 300명 정도 된다.

당초 오줌은 분리하여 구덩이를 파서 액비로 만들어 농사에 사용하였으나 요의 발생량이 많아(월 5톤가량) 어려움을 느끼고 있었는데, 그렇게 고민하던 중 BMW(Bacteria, Mineral, Water)라는 공법을 적용하게 되었다고 한다. BMW 공법을 이용한 오줌 처리 시설은 2006년에 건축되었는데, 경석과 미생물 체제를 이용하여 미네랄을 활성화함으로써 오줌을 가축의 음용수나 농업용수로 재활용할 수 있는 시스템이다. 전체 35톤 크기의 반응조에 공기를 공급하기 위하여 송풍기를 가동시키는 데 전력이 많이 소모되는 단점이 있지만, 양적으로 질적으로 환경에 부담을 주는 오줌을 미네랄화하여 벼, 채소, 과수 재배에 재활용할 수 있다는 것은 매우 효과적이라고 볼 수 있다.

우리는 마지막 처리수를 직접 바가지로 떠서 맛을 보았는데, 약간 떫은맛은 있었지만 악취나 거부감은 전혀 없었다. 이곳 화장실을 관리하는 사람의 말에 의하면 사람이 직접 음용하거나 머리를 감기도 한다고 하였다.

실상사의 해우소가 갖는 장점 중의 하나는 장애인을 위한 배려가 매우 섬세하다는 것이다. 뒷간으로 들어서는 입구부터 나무 널판으로 경사를 만들어서 휠체어를 이용하는 장애인이 쉽게 접근할 수 있게 하였고, 용변을 보는 공간도 장애인을 위한 전용 공간이 따로 있었다. 비장애인을 위한 공간이 쪼그려 앉는 방식인 것과 달리 장애인을 위한 공간은 걸터앉을 수

장애인을 위한 특별 칸. 나무로 양변기의 틀을 만들고 쿠션 깔개를 얹었다.

4장 생태 뒷간을 가다 107

비장애인용 화장실. 변기 앞부분에 소변 분리 깔때기가 보이고, 바닥에 화살표가 그려져 있다.

있는 좌식 양변기 방식으로 되어 있다. 건물 전체가 나무로 되어 있어 아늑하며, 정리 정돈과 청소가 잘되어 있어 깨끗하고 깔끔하다. 바깥으로 난 창에는 커튼까지 달아 뒷간에 앉으면 편안한 마음으로 볼일을 보며 창밖 풍경을 감상할 수 있도록 하였다.

그런데 칸칸이 바닥에 창 쪽으로 화살표가 그려져 있어 이유를 물었더니 문을 등지고 앉는 것에 익숙하지 못한 사람들이 문을 마주보고 앉는 바람에 소변 분리 깔때기에 대변을 보는 일이 종종 있어 방향을 안내하기 위한 것이라고 한다. 그만큼 우리의 습관이 무섭다. 창을 향하고 앉으면 지리산 자락에서 흘러내리는 능선을 보며 해우의 기쁨을 만끽할 수 있을 텐데, 문을 등지고 앉는 데서 오는 불안감으로 인해 무의식적으로 문 쪽으로 앉게 되는 것 같다. 그래서 막힌 깔때기를 뚫느라 종종 고생을 한다고 한다.

통풍과 환기를 위하여 벽체의 판목 사이에 틈새를 주었고 외부로부터의 시선을 차단하기 위하여 발을 덧대었다. 겨울에는 바람이나 눈보라가 몰아쳐 이용자가 깜짝 놀라거나 아래쪽의 대변이 얼어붙는 것을 방지하기 위해 덧창을 단다고 한다. 이곳 사람들은 이런 부분에 대해 연구하고 노력하고 있었다. 그럼에도 불구하고 냄새 문제를 완전히 해결하지는 못하여 실내에 들어서면 인분 냄새로 인해 약간의 불쾌감을 느끼게 된다. 농토 한가운데 자리 잡고 있는 실상사의 지형적 특성을 감안하면 대변 냄새를 꺼리지 않는 농촌 정서에서는 커다란 문제가 없겠지만, 도회지에서 찾아오는 신자나 사찰 탐방객들은 불편함을 느낄 것 같다. 이를 해소하기 위해서는 공기의 순환을 고려한 구조 변경이나 환풍기나 환풍구의 설치가 필요할 것 같다.

그 외에도 실상사의 생태 뒷간이 안고 있는 어려운 점은, 월 20만 원이나 되는 전기료이다. 농업용 전기를 사용하는 것을 고려하면 적지 않은 부담이다. 오줌 처리 반응기에 공기를 계속 공급해주어야 하는 데 따른 문제로서, 이 부분은 대안 에너지를 이용하여 필요한 에너지를 상당 부분 자체 충당하는 방안을 고려할 필요가 있다. 또한 6개월에 한 번씩 미생물 제제를 구입하여 투입하는 데도 30만 원의 비용이 든다고 한다. 물론 이 정도의 경비는 대소변을 수세식으로 처리할 경우에 드는 경제적 부담이나 환경적 부담과 비교하면 그리 심각한 수준이 아니라고 볼 수도 있다.

대변은 대변대로 소변은 소변대로 자연으로 순환하여, 땅에서 온 먹을거리가 소화되고 나온 인분이 다시 유기 자원으로 땅으로 돌아가 먹을거리를 생산하고 토양의 생명력을 북돋우는 역할을 할 수 있도록 하는 것은 생명 살림의 새로운 생활 문화를 만들어가는 데 매우 중요하다. 아직 생태 뒷간이 가야 할 길은 멀다. 생명 살림의 순환적인 방식으로 운영하되 에너지 소비는 최소화하고, 지역의 자원과 기술을 이용하면서 이용자들에게 지나친 불편을 초래하지 않는 생태 뒷간이어야 할 것이다. 먹을거리와 내 몸과 땅과 생명에 대해 새롭게 되새길 수 있는 좋은 기회를 제공하는 '생태'적인 뒷간을 만들기 위해 더욱 많은 노력과 고민을 해야 할 것이다.

## 2. 솔바람 가득한 뒷간, 지리산생명문화교육원[*]

남원 실상사 건너편 산중에 있는 지리산생명문화교육원은 인드라망 생명공동체를 겸하고 있으면서 봄, 가을로 귀농학교를 열어 20여 명 안팎의 귀농 희망자들에게 농부로서 새로운 삶을 꾸려갈 수 있도록 안내해주고 있는데, 이곳의 뒷간은 전통 사찰의 해우소를 변형한 형태로서 2층 구조로 되어 있다. 능

---

* 지금은 실상사 작은학교로 바뀌었다.

선의 경사를 이용해 만든 뒷간은 위층은 용변을 보는 공간으로, 아래층은 대변이 발효하는 공간으로 이루어져 있다. 위층의 출입문과 반대 방향으로 아래층에도 문이 달려 있어 출입이 가능하였다. 변기는 자유낙하 방식인데 앞쪽에 소변을 분리하기 위해 깔때기를 설치하였고 그 위에 작은 소쿠리를 얹어놓았다.

각각의 칸에서 내려오는 소변은 모두 아래층의 대형 오줌통에 모인다. 이 오줌통에 오줌이 가득 차면 밸브를 열어 바깥의 발효통에 오줌을 옮겨 담는다. 이 오줌 발효통에 EM 효소를 첨가해 6개월 정도 숙성시켜 검은색이 되면 냄새가 없어지고 밭농사에 유용하게 쓰이는 액비가 된다. 아래층 바닥으로 떨어진 대변은 그 위에다 왕겨를 한 번씩 뿌려준 다음 1년에 한 번 정도 발효된 똥을 꺼내어 별도의 공간에서 콩대나 왕겨 등과 섞은 다음 비닐로 덮어 다시 숙성을 시킨다. 봄에 이 숙성된 퇴비를 꺼내 깻묵 비료나 한살림 유기농 비료 등과 함께 밑거름으로 사용하여 밭 1,500평, 논 2,800평을 농사짓는데 합성 비료는 전혀 사용하지 않는다.

이곳의 자연 친화적인 삶의 모습은 전통식 뒷간과 더불어 오수 처리 과정에서도 고스란히 찾아볼 수 있다. 경사면을 따라 20여 미터의 도랑을 파서 갖가지 크기의 자갈돌을 가득 채워놓았는데, 주방과 세면장에서 나오는 물은 모두 이곳으로 흘러가

지리산생명문화교육원의 뒷간. 능선의 경사를 이용한 2층 구조로 되어 있다.

게 되어 있다. 토양 속에 살고 있는 미생물들이 이 자갈의 표면에 붙어 자라면서 돌 사이를 흘러내려가는 오수 속의 유기물들을 제거하도록 한 것이다.

미생물들에게 필요한 산소를 전기를 써서 인위적으로 공급하는 일반적인 하수처리장과 달리 오수가 돌 사이를 흘러내려가면서 공기와 접촉해 자연스럽게 산소가 녹아들어가게 만들었다.

그리고 도랑이 끝나는 곳에는 약 30~40평의 미나리꽝을 만

오수(주방, 세면장) 처리를 위한 수로

들어 2차 수질 정화 기능을 하도록 해놓았다. 미나리는 수질 정화 기능이 뛰어난 식물로서 하천의 부영양화를 일으키는 질소와 인을 제거하는 데 매우 뛰어난 특성을 갖고 있다. 파릇파릇한 미나리로 꽉 들어찬 웅덩이는 오수 처리장이면서 동시에 신선한 먹을거리를 재배하는 밭의 역할을 하고 있다.

2001년 9월에 문을 연 지리산생명문화교육원의 뒷간은 전통 방식을 그대로 활용하면서 퇴비화 등을 위해 에너지를 전혀 쓰지 않는 것이 대표적인 특징이다. 똥과 오줌을 발효시키기 위해

**오수 최종 처리를 위한 미나리꽝**

옮기는 과정에 많은 인력이 필요하지만 귀농학교 학생들과 함께 자연 친화적 농법을 공부하는 과정으로 운영하고 있어 교육적인 측면에서도 매우 유효적절한 방법이라 볼 수 있다. 또 하나의 특징은 건축 재료가 대부분 나무와 합판, 벽돌 등으로 구성되어 있어서 뒷간을 만드는 비용 측면이나 환경적인 면에서 우수한 편이라는 점이다. 다만 겨울철 보온을 위해 천장에 함석과 함께 스티로폼을 얹은 것이 다소 흠이라고 볼 수 있다.

똥의 발효를 위해서는 왕겨와 같은 부숙 재료와 함께 따뜻한 온도, 원활한 공기 유통이 필요한데, 이곳에서는 아래층의 기초 부분을 블록으로 설치하여 통기성을 높였고, 산중임에도 불구하고 똥이 발효되면서 발생하는 열로 인해 겨울철에도 온도가 그렇게 심하게 내려가지는 않는다고 한다.

전체적으로 뒷간이 갖는 생태 순환적인 환경성의 유지와 교육 효과, 전통문화의 복원 등에서 매우 우수한 사례라고 볼 수 있다. 그러나 전통적인 낙하식의 뒷간이기 때문에 오래 앉아 있기가 힘들고 특히 밤에는 무서움을 느끼는 사람이 있어 다소 불편한 것 같다. 물론 앞에서 말했듯이 기초 부분에 블록을 설치하여 통기성을 높이기는 했으나 여전히 공기 순환이 부족하여 여름에는 냄새가 많이 발생하는 문제점도 있다. 따라서 아래층의 냄새가 빠져나갈 수 있는 굴뚝을 설치하거나, 건물 전체를 경사면으로부터 띄워서 공기 순환을 더욱 원활하게 하는 등의 보완이 필요하다. 또한 좌식 문화에 익숙한 사람들을 위해서 편안하게 앉아서 용변을 볼 수 있도록 시설을 개선할 필요성도 있다. 이 부분에서는 산청 안솔기 마을의 최세현 씨 댁의 뒷간이 좋은 본보기가 될 수 있겠는데, 다음 장의 사진에서 보는 것처럼 최세현 씨 댁의 뒷간은 바닥에 나무를 잘 짜 넣어 결을 곱게

내었고, 뒷간에 갖가지 서적을 비치해 짬을 내어 독서할 수 있게 배려했다. 그리고 향이 좋은 천연 허브를 놓아 악취를 없앨 수 있도록 했다.

끝으로 지리산생명문화교육원의 뒷간에는 쥐가 드나들고 있기 때문에 (쥐를 먹기 위해) 뱀이 꼬여들 수 있다. 아직 뱀으로 인한 사고는 없었다고 하지만 뱀이 뒷간을 이용하는 사람들의 안전을 위협할 수 있기 때문에 근원적인 대비책이 있어야 하겠다.

지리산생명문화교육원의 전통식 뒷간은 똥이 곧 밥이고, 더러움과 깨끗함이 따로 없다는 불교적인 생명 순환의 가치관에 입각해 만들어진 것으로서, 앞에서 제기한 문제점들을 부분적으로 보완한다면 시골 지역의 공동체에서 쉽게 적용해볼 수 있는 좋은 사례라고 생각된다. 무엇보다도 이곳의 뒷간이 갖는 아름다움은 약간의 노동으로 생명을 살린다는 사실과 함께 건강한 흙빛 얼굴로 방문객들을 맞는 이들의 넉넉한 웃음에서 비롯된다. 덤으로 이곳에서 현미밥과 함께 밭에서 캐낸 싱싱한 야채에 전통 된장을 얹어 먹으면 향긋한 똥 내음에 방문객도 저절로 풀빛 웃음을 머금게 된다.

## 3. 똥오줌과 씨름하는 사람들, 산청 안솔기 마을

똥오줌과 씨름한다고 하면 너무 역겹게 느껴질까? 깨끗한 수세식 양변기만을 사용해온 아이들이 특히 그럴 것 같다. 하지만 옛날의 푸세식 화장실을 이용해본 기성세대라면 조금 다르게 볼 수 있지 않을까? 아이들의 미래를 고민하며 환경 실천에 적극적인 사람들의 최근 관심사는 자신의 삶은 과연 친환경적인가 하는 것이다. 내가 배설하는 똥오줌이 어떻게 처리되고 있는지 찬찬히 살펴본다면, 똥오줌과 씨름하는 사람들의 심정을 어느 정도는 이해할 수 있으리라. 자연에 부담을 적게 주는 방식으로 똥오줌을 처리하고, 나아가 똥오줌을 쓰레기로 보지 않고 자연 속에서 순환해야 하는 것이라 생각하면서 다양한 방법을 시도하고 있는 사람들이 점점 늘어나고 있다. 이런 문제의식을 갖고 똥오줌과 씨름하고 있는 사람들을 만나기 위해 산청 안솔기 마을을 찾았다.

대안학교로 잘 알려진 산청 간디학교 뒤편 산자락에 자리 잡은 안솔기 마을은 간디학교에 아이들을 진학시킨 부모들이 중심이 되어 자연 친화적인 마을을 개발하고 있는 곳이다. 모두 입주가 완료된 상태이며, 2가구가 전통 자연 발효식 뒷간을, 1가구가 실내형 자연 발효식 뒷간을, 7가구가 포세식 뒷간을 설

산청 안솔기 마을 최세현 씨 댁의 넉넉한 뒷간

치했다.

 자연 발효식은 최세현 씨 댁이 대표적인 경우로서, 나무와 벽돌로 층을 높인 목조건물 아래에 두 개의 큰 고무 통을 두고 똥, 오줌을 따로 받을 수 있도록 했다. 최세현 씨는 이렇게 각각 모인 똥과 오줌을 수개월간 발효시켜 밭농사에 이용하고 있었다. 최세현 씨 뒷간은 건물이 아담하여 운치가 있고 뒷간 안에 천연 허브를 놓고 책을 비치한 것이 두드러져 보였다. 발효가 잘되어 냄새가 전혀 없었지만, 똥, 오줌이 가득 담긴 고무 통을 밖으로 빼내는 게 쉽지는 않아 보였다.

 전통적인 자연 발효식 뒷간을 개량하여 실내에서 편리하게 이용하면서도 냄새를 제거할 수 있도록 한 것이 실내형 자연 발효식 뒷간이다. 마정해 씨 댁에서 이용하고 있는 이 방식은 전문 제작 업체의 기술 지원과 시공으로 만들어졌는데, 5톤 크기의 탱크가 지하에 묻혀 있고 이곳으로 떨어지는 똥과 오줌은 각각 분리되어 다른 방에 저장된다.

**최세현 씨 댁의 전통 자연 발효식 뒷간**

강제 송풍 방식이므로 냄새가 실내로 들어오지 않았으며, 용변을 마치고 나면 변기의 뚜껑을 덮기 전에 부엽토나 재를 모종삽으로 한 삽 퍼서 변기 안쪽에 부어주었다. 거실에서 바로 출입할 수 있는 위치에 화장실 내부를 모두 타일로 깔고 좌변기를 설치해놓았기 때문에 자연 발효식 뒷간이라는 느낌이 들지 않을 정도로 깔끔한 모습이었다. 당연히 청소하기가 간편하고 서적을 비치해 휴식 공간으로서도 충분해 보였다. 주인인 마정해 씨의 이야기를 들어보면 물을 전혀 사용하지 않기 때문에 젖은 걸레로 변기를 가끔 닦아주기만 하면 되어 청소를 하느라 애쓸 일도 없다고 하였다. 똥은 똥대로 발효되어 거름으로 활용할 수 있고, 오줌은 오줌대로 발효되어 액비로 이용할 수 있어서 똥이

마정해 씨 댁의 실내형 강제 송풍식 자연 발효 화장실

자연 속에서 순환할 수 있는 방식이라고 볼 수 있다. 그러나 화장실 시설 비용을 제외하고도 퇴비화 시설을 설치하는 데 150만 원가량의 비용이 들어가는 것이 단점으로 작용할 것으로 보였다.

안솔기 마을에서 가장 많이 이용하고 있는 방식이 포세식 화장실로서 마을 안내를 맡아준 김길선 씨 댁에서 볼 수 있었다. 포세식이란 변기 안쪽에 거품[泡]을 흘려서 변을 밑으로 씻어[洗] 내리는 방식을 말한다. 계면활성제를 포함한 약품이 조금씩 주입되면서 전기를 이용해 거품을 일으키는데, 용변을 보지 않을 때는 소량씩 흘러내리던 거품이 용변을 보고 나면 양이 늘어나면서 변이 변기에 붙지 않고 정화조 탱크로 내려가도록 하는 것이다. 이렇게 지하 저장 탱크에 모인 분뇨와 약품은 수거 차량이 가져간다. 이 경우에도 좌변기가 설치되어 사용하기가 편리하고 물을 사용하지 않기 때문에 물 절약 효과를 거둘 수 있으며, 냄새가 없고 깨끗한 것이 특징이다. 특히 거품이 계속 흘러내리기 때문에 물로 씻어 내리지 않음에도 전혀 냄새가 없다. 따라서 별도의 오수 처리장이 설치되기 어려운 소규모 마을에서 적용해볼 만한 방법이라고 생각된다. 하지만 이 포세식 화장실의 경우 가장 큰 문제점은 수거된 똥과 오줌을 수거 차량을 이용해 다른 지역으로 이송해서 처리한다는 것이다. 특히 똥과 오줌을 이송하는 데 따른 운반 비용이나 연료 소모, 소음이나 매연 공해뿐만 아니라, 똥과 오줌을 오물로 취급한다는 것이 더욱 큰 문제점이라고 생각된다. 이 부분에 대해서는 주인인 김길선 씨도 공감을 하고 있었다. 따라서 이 방법은 완전한 형태의 자연 친화적 뒷간이라기보다는 그러한 자연 친화적 뒷간으로 가기 위한 중간 과정에서 제 나름의 역할을 할 수 있는 기술이라고 보인다.

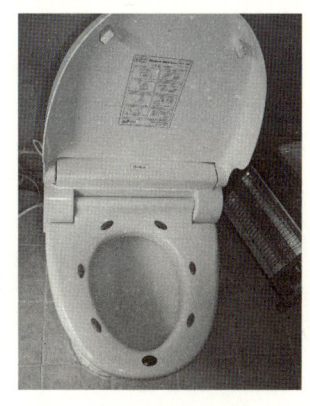

김길선 씨 댁의 포세식 화장실의 변기

이곳 안솔기 마을은 숲 속에서 자연과 더불어 살아가기를 희망하는 사람들이 도전 정신을 갖고 새로운 주거 문화와 삶의 방식을 만들어가는 곳으로서, 비록 이곳의 모든 뒷간이 완전히 자연 친화적인 뒷간이라고 보기는 어렵지만, 모든 사람이 상식으로만 받아들이는 수세식 화장실을 거부하고 지역 환경을 보존

할 수 있는 방식을 찾아 다양한 시도를 하고 있다는 것이 인상적이었다.

마을을 친절하게 안내해준 김길선 씨만 하더라도 편리하면서도 자연 친화적인 화장실을 마련하기 위해 노력하였고, 여러 회사에서 제안하는 시설들을 실험해보면서 상당한 금전적 부담을 끌어안았다고 한다. 국가에서 이런 실험들을 면밀하게 진행하여 진정으로 사람과 땅을 살리면서 모든 사람이 쉽게 이용할 수 있는 뒷간을 개발하여 보급해야 함에도 불구하고, 이 마을 사람들은 정부를 향해 목을 빼고 앉아 있지 않고 스스로 돈을 들이고 품을 팔면서 똥오줌과 씨름하고 있는 것이다. 이러한 이들의 노력은 교육을 정부와 전문가에게만 맡기지 않고 스스로 대안을 찾아 개척해가고 있는 간디학교의 정신과 맥을 같이 하고 있는 것이기에, 마을 뒤편을 감싸고 있는 산자락만큼이나 넉넉하고 싱그러웠다.

## 4. 햇살 가득한 뒷간, 선암사

선암사 뒷간을 찾아가는 길은 가을의 서늘한 기운이 발길에 감도는 싱그러운 길이었다. 생태 뒷간 탐방을 하는 우리는 이른

아침 선암사를 향했다. 주차장에서 선암사에 이르는 2킬로미터 남짓한 길은 그 어느 사찰 길보다도 아름답고 풍요로웠다. 가을 기운이 서린 산길은 요새 어디서도 찾기 힘든 맨땅으로 우리의 발길을 즐겁게 하였다. 어디서도 흔한 아스팔트 길은 차들의 접근도만 높일 뿐 정작 사람에게는 즐거움을 주지 못한다. 그러나 여기 이 선암사 길처럼 발바닥에 부드럽게 감기는 흙의 감촉과 발길에 차이는 자갈이 주는 즐거움을 이젠 찾기 힘들다.

선암사로 오르는 길옆으로 계곡물이 넓게 흐른다. 산세가 낮아 깊은 계곡에서 보는 웅장한 맛은 없지만 물길을 넓게 가지며 여유롭게 흐른다. 맑은 물빛 아래 자갈이 어른대고 투명한 아침 햇살에 물살이 언뜻 번뜩인다. 초가을의 기운이 감도는 길 위로는 무성한 잎을 단 나무들이 청명한 하늘을 수놓고 있다. 이 길은 아마 한낮에 올라도 뜨거운 햇빛에 녹아날 일이 없을 것이다.

길을 좀 더 오르다 보면 맑고 풍부한 계곡물에 그림자를 띄우는 멋진 무지개다리를 볼 수 있다. 그 다리는 우선 멀리서 다리 아래 푸른 물과 그 물길을 완상한 다음 천천히 다리의 조형미를 감상하여야 한다. 물론 주변 풍경과의 조화를 음미하면서 말이다.

그렇게 들어선 선암사 일주문 양편에는 남도의 정취를 느끼

**선암사 해우소**

게 하는 활엽수들이 가득하다. 오랜 세월 선암사라는 시공간에 자리 잡았을 그 나무들은 도회지의 나무들에서 볼 수 없는 자연스런 배치와 어울림으로 부드럽게 감아 돌아가는 흙 길의 아취를 북돋는다.

그 남도의 때깔을 배경으로 선암사의 누른 담벼락이 시야에 들어온다. 오래된 황토 담은 바래고 바래어 햇빛에 잘 삭은 담갈색 빛으로 안온하다. 선암사의 뒷간은 나름대로의 기상을 지니고 있다.

선암사의 뒷간 입구에는 한글로 '뒤깐'라는 명패(오른쪽에서

왼쪽으로 '뒤깐'이라고 읽어야 한다)가 붙어 있다. 선암사 뒷간의 첫 인상에서는 햇빛에 잘 익은 목조건물의 은은함이 느껴진다. 안내한 스님 얘기로는 선암사 화장실은 300여 년의 역사를 가지고 있다고 한다. 뒷간에 들어서면 빛과 그림자의 조화가 적절하게 이루어진 광경을 볼 수 있다. 질감이 부드러운 나무 바닥을 밟으며 입구에 들어서면 순간 어둡지만 맞은편 벽면의 아래에서 환한 빛이 스며들어 주위 바닥에서부터 환해진다. 벽면의 아래에 살창이 있어 빛을 들이기 때문이다. 살창은 선암사 뒷간에서 매우 큰 역할을 담당한다. 우선 현대 건물의 창문 역할을 한다. 1미터 길이의 얇은 나무쪽을 12센티 정도의 간격으로 세로로 길게 늘여 세운 살창은 선암사 뒷간의 아래쪽의 모든 면을 두르고 있다. 이 살창은 햇빛과 바람을 뒷간으로 들이는 문이다. 살창으로 스미는 햇살은 뒷간을 인위적 조명 없이도 항상 밝고 환하게 한다. 살창의 그림자를 품은 햇살은 나무로 된 마룻바닥의 질감에 순화되어 공간 전체를 따스하게 밝힌다. 또 바람은 인위적인 통풍을 하지 않아도 사시사철 뒷간을 쾌적하게 한다. 그 바람은 뒷간의 모든 방향에서 들어온다. 바람은 구수한 뒷간 냄새마저 실내에 오래 머물지 않게 한다. 바람은 선암사와 같은 자연적 퇴비 방식의 뒷간에서 매우 중요한 역할을 하는데 이는 건물의 구조적, 지형적 조건과 깊은 관련이 있다.

**해우소 밖의 풍경**

볼일을 보는 곳은 1미터 50센티 높이의 칸막이로 구획되어 있다. 이 높이는 서서 보면 전면이 탁 트여 있어 불안하게 보인다. 그러나 막상 쪼그려 앉으면 혼자만의 공간을 갖기에 넉넉한 높이임을 알 수 있다. 오히려 열린 위 공간이 사면이 폐쇄된 오늘날의 화장실과 다른 시원함을 느끼게 한다.

목조 바닥의 변기 역할을 하는 구멍은 어른이 앉기에는 너무 좁지도 넓지도 않고 적당하다. 그러나 아이들은 불안감을 느낄 것 같다. 아마 뒷간 이용객이 거의 모두 어른이었을 오래전 상황에 맞춘 결과인 듯하다. 앉은 자리에서 우선 다가오는 것은 살창으로 보이는 시원한 풍광이다. 우리가 이용한 쪽은 절 안채 방향을 향한 곳이었는데 앉은 자리에서 주변의 담벼락과 나무가 시원하게 눈에 들어온다. 의외로 살창의 나무쪽이 밖의 전망을 전혀 가리지 않는다. 오히려 밖에서 안이 들여다보이지 않을까 우려할 정도로 외부의 풍경은 시원하게 뒷간으로 들어온다. 그러나 밖에서는 뒷간이 전혀 들여다보이지 않으니 살창의 간격이 절묘한 탓이다.

쪼그려 앉은 구멍에서는 뒷간 냄새가 나나 그 냄새는 예전 푸세식 화장실의 그 역한 것과는 거리가 멀다. 그보다는 훨씬 구수한 냄새인데 생똥의 날 것 그대로가 아니라 잘 삭힌 퇴비의 냄새다. 여기에 생태적 뒷간의 성공 비밀이 담겨 있다. 오늘날 생태적 뒷간이 널리 확산되려면 무엇보다도 악취 문제가 해결되어야 한다. 이를 위해서는 전통의 퇴비법과 건물의 구조적 조건이 잘 조화되어야 한다.

선암사 뒷간은 흙과 나무로 만들어진 복층 건물이다. 건물의 외벽은 하얗게 회칠되어 있어 깔끔하다. 뒷간은 2단의 기단석 위에 지어져 침수 등에 의한 피해를 방지하게끔 하였다. 똥과 오줌이 떨어지는 1층은 약 3미터 깊이로 여기에도 사면에 살창이 있어 바람이 손쉽게 드나들도록 하였다.

저장 공간에는 군데군데 봉분처럼 쌓아올려진 퇴비 더미가 있다. 위에서 떨어진 똥과 오줌은 낙엽이나 마른풀 같은 퇴비 매개체와 섞이게 된다. 더 정확히 말하면 하루에 한두 번 떨어진 똥과 오줌 위에 낙엽 등을 덮어주는 것이다. 퇴비 매개체는 오줌을 흡수하여 구더기와 같은 벌레의 발생을 방지할뿐더러 똥과 오줌의 빠른 퇴비화를 돕는다. 낙엽 등에 존재하는 미생물이 퇴비화를 촉진시키는 것이다. 퇴비 매개체로는 이 밖에도 볏짚, 왕겨, 톱밥이 있는데 쉽게 구할 수 있고 미생물이 풍부한 매개체로는 낙엽이나 볏짚이 좋다. 왕겨는 의외로 흡수성이 좋지 않고 썩는 데 시간이 걸려 퇴비 매개체로는 별로다. 퇴비 매개체는 또한 그 특유의 향기로 퇴비화 과정에서 발생하는 냄새를 상당 부분 순화시킨다.

  퇴비 매개체와 켜켜이 섞인 똥과 오줌은 살창으로 불어오는 바람에 의해 일부는 마르고 일부는 매개체에 흡수되며 서서히 퇴비화된다. 선암사 뒷간이 푸세식 뒷간과 달리 첨벙거리지 않는 건 전적으로 이 매개체의 역할이라 할 수 있다. 지나치게 많은 수분은 똥과 오줌의 혐기(嫌氣)화를 가져와 악취 발생의 원인이 되고 만다. 그러나 적당한 수분만 남은 퇴비 더미는 바람이 잘 통해 미생물에 의한 분해 과정에서 심한 악취 발생 없이도 양호한 퇴비화가 가능하게 된다. 이것이 선암사 뒷간이 똥과 오줌을 합친 전통적 방식이면서도 놀라운 위생성을 확보한 비결인 것이다.

해우소 아래층 퇴비장 입구

　잘 숙성된 퇴비는 거둬 저장 공간의 중앙 쪽에 모은다. 안내한 스님은 1년에 한두 번 잘 숙성된 퇴비를 거둬 농사에 쓴다고 한다. 이로써 짐작컨대 선암사의 똥과 오줌은 퇴비가 되어 농사에 쓰이는 데 최소 3년 이상은 걸리는 것 같다.
　선암사를 나오는 길은 매우 아름다웠다. 내리막의 층계 주위로는 넓은 활엽수들이 둘러서 있어 길은 하늘만큼이나 푸르렀다. 돌아보면 선암사 뒷간의 비밀은 삶의 터전 안에 자연을 받아들인 우리 선조들의 전통에 있는 것 같다. 살창을 통해 자연과 햇살을 안으로 들이고 바람이 자유롭게 흐르는 곳. 똥과 오줌이 어려움 없이 삭혀져 다시 자연으로 돌아가는 곳. 그곳이 선암사 뒷간이다. 오늘날 유행어가 되어버린 지속 가능성과 생태 순환형의 시스템은 완벽히 우리의 전통에 살아 있는 것이다.

## 5. 유럽의 생태 뒷간

2004년 여름 그리스에서 전 세계의 이목이 집중된 가운데 인류 화합의 대제전 올림픽이 열리는 동안 우리는 도버해협을 사이에 두고 영국과 독일의 조용한 시골 지역을 돌아다니고 있었다. 인류의 화합을 뛰어넘어 자연과 하나 되어 살아가는 사람들을 만나기 위해서였다. 우리가 만난 사람들은 대부분 백인이었지만 이들의 얼굴을 떠올리면 '똥 빛'이라는 말이 가장 선명하게 다가온다. 건강한 장을 통해 시원스레 빠져나온 똥의 누런 빛깔. 똥을 더러운 폐기물이 아닌 자연으로 돌아가야 할 소중한 자원으로 여기며 거름으로 만들어 농사에 활용하고, 거기서 나오는 작물을 통해 자급자족을 이루어나가는 사람들의 얼굴은 분명 누런 똥 빛이었다. 그만큼 자연스럽고 해맑고 건강해 보였다.

수세식 화장실은 현대의 도시 문명이 갖고 있는 반환경성을 가장 대표적으로 보여주는 것으로서, 우리는 대소변이 시원한 물소리와 함께 눈앞에서 씻겨나감으로써 가장 위생적이고 안전하게 처리되었다고 생각하지만 정작 내 눈앞에서 사라진 대소변은 고스란히 오물 덩어리가 되어 땅과 하천과 바다를 오염시키고 있다. 우리 몸속에서 채 흡수되지 못하고 그냥 빠져나가는 영양분이 똥이기 때문에 똥은 땅으로 돌아가 적절한 온도 속에서 미생물들에 의해 분해될 경우 훌륭한 거름이 되어 생명 부양의 역할을 할 수 있는데 어처구니없게도 물에 섞여 생명을 죽이는 역할을 하고 있는 것이다. 그래서 자연 친화적인 뒷간은 오늘을 사는 우리에게 매우 중요한 화두가 되고 있고, 이번 유럽 생태 공동체 탐방의 목적 또한 남의 집 '똥간' 들여다보기였다. 그래서 탐방팀의 이름도 '에코 똥간'으로 지었는데, 영국과 독일의 생태 공동체들을 탐방하여 이들이 이루고 있는 공동체의 삶을 이해하고 자연 친화적인 뒷간의 모습을 조사하고 아울러 자연 친화적인 에너지와 오수 처리, 생태 건축, 유기성 폐기물의 퇴비화 등의 현황을 살펴보고자 하였다.

영국에서는 서부 웨일스 지방에 있는 대안기술센터(CAT: Center for Alternative Technologies)와 브리스더 마우어(Brithdir

Mawr), 런던 근교의 릴리(LILI: Low Impact Living Initiative, 친환경적 삶 기획) 세 곳을 둘러보았고, 독일에서는 북부 하노버 시 근교의 지벤 린덴(Sieben Linden)과 린덴 호프(Linden Hof) 두 곳을 돌아보았다.

대안기술센터는 이름 그대로 첨단기술이 아닌 대안 기술, 중간기술, 적정기술을 연구 개발하여 직접 활용하고 교육하는 공동체로서 이곳의 뒷간은 대중적이면서도 교육적인 면을 많이 부각시키고 있어 모범 사례가 될 만했다. 퇴비 화장실과 수세식 화장실을 함께 두어 외부 방문객들이 자유롭게 선택하여 이용할 수 있도록 했고, 수세식 화장실도 일반적인 수세식과 달리 똥이 오줌과 세척수로부터 분리되어 퇴비화될 수 있도록 함으로써 일반인의 접근을 쉽게 하면서도 퇴비 화장실의 장점을 최대한 살리고 있었다. 분리된 오줌과 오수 등은 풀을 이용한 자연정화 시스템인 갈대밭(reed bed) 시스템과 토양미생물을 이용해 처리하였다. 아울러 절수형 수도꼭지를 설치해 물 사용량을 절약하고, 변기 뚜껑을 열어둘 경우 꼬마전구에 불이 들어오게 하여 깜빡 잊고 나가는

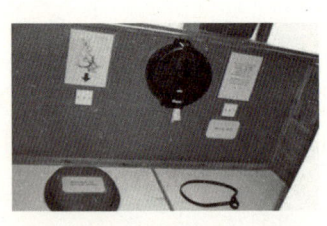

대안기술센터의 퇴비 화장실. 좌변기를 옮겨 양쪽의 퇴비 탱크를 번갈아 이용한다. 화살표 아래쪽에 자동 누름 버튼이 있다.

사람이 없도록 하는 부분에 이르기까지 꼼꼼하고 치밀한 노력이 돋보였다. 에너지는 지역 특성을 고려하여 수력과 태양열, 풍력 등을 활용하면서 건물마다 자연 채광을 최대한 고려하여 에너지 효율을 높였고, 정원 쓰레기나 음식물 쓰레기와 같은 유기성 쓰레기는 퇴비화 과정을 통해 거름으로 재활용되고 있었다. 특히 이 모든 시설을 아이들과 일반 방문객, 나아가서 전문가들이 직접 확인하고 체험할 수 있도록 체계적으로 전시하고 있었으며 이를 활용한 다양한 교육 프로그램도 함께 운용되고 있었다.

브리스더 마우어는 공동체 자체가 자연 친화적인 느낌을 주었으며 문명의 이기 사용을 최소화하면서 유기농업을 하는 소규모 공동체였다. 1970년대 문명을 등지고 살았던 히피족의 느낌이 다소 묻어나는 삶의 모습이었는데, 뒷간 역시 자연 친화적이었지만 청결성과 위생성이 조금 떨어졌고, 분뇨의 분리 또한 적절히 이루어지지 않아 아직은 보완할 부분이 있었다. 하지만 우리는 웨일스의 아름다운 자연과 완전히 하나가 되어 살아가려는 그들의 노력을 곳곳에서 만나볼 수

브리스더 마우어 공동체의 숲 속에 설치된 옥외 퇴비 화장실

있었다. 그들은 태양열을 이용한 온수난방, 전체 에너지 소비의 50%를 충당하는 소규모 풍력발전, 경사 낙차를 이용한 소규모 수력발전 등을 통해 필요한 에너지를 100% 생산함으로써 외부의 전기를 일절 사용하지 않았다. 특히 브리스더 마우어는 친환경적인 건축 부문에서 단연 돋보이는 공동체였는데, 지역에서 생산되는 나무와 돌, 흙 등을 기본 재료로 이용하고 약간의 고무나 양철판 등은 버려지는 것을 주워다가 재활용함으로써 자연에 주는 피해를 최소화하고 있었다.

릴리는 모체인 레드필드(Redfield) 공동체의 구성원 중 3명이 의기투합해 만든 실험적 소규모 비영리회사로서 생태 뒷간과 바이오디젤, 에코 페인트, 태양열 난방 시스템, 짚 건축 등의 기술을 자체적으로 개발하여 공동체에 적용하면서 교육 프로그램을 통해 외부 수강자들에게 기술을 전수해주는 활동을 하고 있었다. 이곳의 뒷간은 쓰레기통을 이용하여 대소변을 분리하고 똥은 톱밥을 보조 재료로 활용하여 퇴비화하고 오줌은 살수여상(撒水濾床/trickling filter) 공법*으로 처리하여 토양에 방류하는 방식이었다. 뒷간

릴리의 퇴비화 화장실 내부.
짚으로 채운 벽체의 내부를
볼 수 있도록 되어 있다.

의 실내가 매우 정결하고 깔끔하여 이용하기가 편리하고, 악취나 파리를 방지하기 위한 노력이 눈에 띄었으나, 똥과 오줌이 분뇨통에 떨어진 다음 비중 차이에 의해 분리됨으로써 분리가 정확하게 되지 않았고, 오줌의 경우 퇴비화하거나 토양에 재이용되지 못하고 기계적 동력을 이용한 처리 시설을 거쳐 방류된다는 단점을 갖고 있었다.

**지벤 린덴의 대소변 분리형 좌변기**

 독일의 지벤 린덴의 뒷간은 탱크 저장식, 종이봉투 수거식, 비분리 수거식의 여러 가지 방식을 이용하고 있었다. 이들 방식 모두 톱밥, 짚, 화장지를 넣어 퇴비화를 돕고 따로 2차 퇴비화 공간을 만들어 위생적으로 처리하고 있었다. 분리된 오줌은 식물 정화 시스템을 거친 다음 과실수와 정원에 살포함으로써 재순환적인 형태를 취하고 있었다. 가장 두드러진 점은 대소변 분리형 좌변기를 설치하여 이용이 편리하면서도 똥오줌의 분리 효율을 증대시켰고, 변기의 덮개를 이중으로 설치하여 용변

---

\* 바닥에 쌓은 자갈 또는 쇄석과 같은 굵은 골재에 하수나 오수를 유입시키면 골재 표면에 증식한 미생물 작용에 의해 오수가 호기적으로 정화되는 오수 생물 처리 장치를 말한다.

을 마치고 일어서면 내부 뚜껑이 자동으로 닫히도록 함으로써 악취를 예방하고 미관을 개선하는 효과를 얻고 있다는 점이다. 종이봉투 수거식의 경우에는 생분해성 봉투를 이용해 주기적으로 퇴비장으로 옮기는데 이용 인원이 많지 않은 경우에는 시설이 간단하고 이용에도 크게 불편함이 없어 보였다. 지벤 린덴에서는 에너지는 자체 생산하지 않고 주변의 공동체 등에서 생산된 재생에너지를 공급받아 사용하고 있었고, 짚과 나무, 흙을 이용한 생태 건축에 많은 에너지를 쏟고 있다는 점이다.

공동체들 모두 저마다의 여건과 상황에 맞추어 다양한 방법으로 자연 친화적인 뒷간을 만들어 운영하고 있었으며, 이중에는 순수하게 공동체 내부에서 독립적으로 설치, 운전함으로써 환경친화성은 높았지만 위생성이나 편리성 등에서 다소 문제가 있는 경우도 있었고, 반대로 고가의 장치를 외부에서 구입하고 전문 업체의 기술 지원을 받아서 제작하면서 편리성과 위생성을 높인 경우도 있었다.

아직 생태 공동체가 많이 만들어지지 않았고, 자연 친화적인 뒷간의 적용 사례가 매우 한정되어 있는 국내 상황에서, 유럽의 생태 공동체들이 자연에 부담을 주지 않으면서 쓰기에 편리하고 저렴한 뒷간을 만들기 위해 고민하고 노력해온 과정은 매우 소중하다. 그것은 단순히 똥을 처리하고 재활용하는 기술을 얻어오기 위한 것이 아니기 때문이다. 생태 친화적인 하나의 뒷간이 만들어지고 운영되기 위해서는 똥과 밥과 흙을 바라보는 시각의 근본적인 변화가 있어야 하고, 생태성과 편리성, 경제성을 아우르는 폭넓은 시각과 경험이 필요하다. 국내의 전통적인 퇴비화 화장실들이 갖는 여러 가지 장점에도 불구하고 보다 많은 사람이 생태적인 뒷간을 자연스럽게 경험하고 이용하도록 하기 위해서는 편리함과 위생성, 청결성을 중심으로 한 현대화 작업이 있어야 한다.

앞으로 우리 사회에서 연구하고 개발해야 할 생태 뒷간들이 갖추어야 하는 기본 사항을 정리해보면 다음과 같다. 첫째, 분뇨의 분리를 통해 퇴비화를 촉진하고 냄새를 줄임으로써 보다 위생적인 뒷간 환경을 조성해야 한다. 둘째, 똥의 퇴비화를 촉진(탄소/질소 비율 조정)하기 위해 지역에서 나는 천연 보조물질을 첨가해 탄소원을 공급해야 한다. 셋째, 변기는 좌변기의 형태로 편리성을 갖추어야 한다. 넷째, 지형을 적절히 이용하여 퇴비화 시설과 뒷간 시설의 이용 편리성과 효율성을 고려해야 한다. 그리고 무엇보다 분뇨의 처리를 위한 새로운 에너지를 사용하지 않는 방식을 지향해야 하며, 최소한의 환기 시설을 설치해 악취를 제거하고 청소가 용이하도록 해야 하며, 실내 장식 및 세면 시설 등을 설치해야 한다.

전통 사찰의 해우소를 포함하여 지금 국내에서도 다양한 형태의 자연 친화적인 뒷간이 시도, 운영되고 있으며 그 종류나 개수는 앞으로 크게 늘어날 전망이다. 영국과 독일의 생태 공동체들이 그러했듯 각자의 생활 방식과 원칙, 주변 환경, 가용한 자원과 기술 여건 등에 맞는 뒷간 사례들이 속속 생겨날 것이다. 그런 가운데 자연 친화적인 뒷간 또한 다양성을 가져야 할 것이다. 도시 문명에 익숙한 사람과 단순하고 느린 삶을 살아가는 사람에게 똑같은 모습의 뒷간이 맞을 리 없기 때문에 편리성과 경제성 등에 있어서 다양한 형태의 뒷간이 연구되고, 개발되어야 한다. 또한 농촌이나 한적한 시골 지역을 중심으로 생태 뒷간들을 적용하되 점차 도시 인근 지역이나 도시 내부의 주택에도 적용할 수 있는 자연 친화적인 방식의 뒷간을 개발해야 한다.

**나가는 말**
# 순환하는 똥: 대안 사회

똥은 냄새나고 더러운 물질로서 집에서 최대한 먼 곳으로 보내버려야 할 '나쁜' 것이 아니다. 식물이 햇빛을 받아 광합성을 하고, 공기 중의 질소와 흙 속의 각종 미네랄을 이용하여 생산한 유기물질을 사람이 먹고, 그중의 일부는 체내에서 흡수 소화되어 활동을 위한 에너지와 새로운 세포를 생성하는 데 쓰이고, 나머지 소화되지 못한 것들이 체외로 배출되는데 그것이 똥이다. 그리고 이 똥은 흙 속에서 미생물들에 의해 분해되어 다시 식물의 뿌리를 통해 흡수되어 새로운 유기물질을 생산하는 데 쓰이게 된다. 결국 똥이라고 하는 것은 자연 생태계 내에서 다양한 물질이 순환하는 가운데 인간의 몸에서 배출된 하나의 물질이다. 그리고 그것은 '끊임없이' 생태계 내에서 '자연스럽게' 순환되어야 한다.

우리가 수세식 화장실에서 대소변을 물로 씻어내고, 하수처리장이나 분뇨 처리장에서 대소변으로 오염된 물을 정화하기 위해서 막대한 에너지를 투입하고, 남는 물질은 먼 바다로 끌고 나가 바다에 던져 넣는 방식은 분명 자연스럽지 못한 인간 위주의 처리 방식이다. 하지만 지금의 우리 삶은 이러한 똥 죽이기를 통해 이루어지고 있다. 똥 죽이기의 현대 문명에서 똥 살리기의 미래 문명으로 나아가기 위해서는 인식의 전환, 삶의 방식의 변화, 접근 방식의 변화 등 근본적인 전환이 있어야 한다. 그리하여 생태 뒷간을 철학적으로 복원해야 한다.

### 인식의 전환

먼저 똥은 더럽고, 냄새나고, 쓸모없는 쓰레기라는 생각에서 벗어나 자연 속에서 순환해야 하는 소중한 자원이라는 인식으로 전환해야 한다. 우리는 쉽게 눈앞에 보이는 것만 인식하여 똥이 내 몸에서 빠져나오는 순간부터는 나와 상관없다고 생각하는데, 사실 똥은 내 몸속으로 들어왔던 음식물이 소화되지 못하고 남아서 밖으로 나가는 것이기 때문에 성분이 음식과 거의 동일하다. 또 몸 밖으로 배설된 똥은 분명 양질의 영양분을 함유하고 있는 유용한 자원임에 틀림없다. 따라서 밥이 곧 내 살과 똥이요, 똥이 곧 흙이고, 흙이 곧 밥이라는 인식을 가져야 하는 것이다.

더 나아가서 눈에 보이지 않는 것을 볼 수 있는 눈이 필요하다. 장 속에서 음식이 소화되는 과정을 잘 살펴보자. 어느 지점에서 우리는 똥이라고 불러야 할까? 입속에서 잘게 부서진 음식이 위를 거치면서 위산과 함께 섞인 다음 더욱 잘게 부서지고, 장을 통과하면서 각종 영양분이 흡수되고 결국 마지막 단계에는 흡수되지 못한 것들만 남게 되는데 이 과정에서 똥이라고 불러야 할 특정 시점은 존재하지 않는다. 항문을 통해 몸 밖으로 빠져 나올 때부터 똥이라고 부르는 게 가장 쉬운 방법이다. 이러한 음식과 똥의 변화 과정을 잘 살펴보면 똥이라 부를 만한 특별한 물질은 존재하지 않는다. 다만 우리의 관습상 암모니아 냄새가 나는 누런 빛깔의 배설물을 똥이라고 부르는 것이다. 그러므로 똥을 더럽고 나쁜 것으로 보는 것은 우리의 지극히 단순한 '오해'에 불과하다. 이와 같이 눈에 보이지 않는 것을 볼 줄 아는 능력을 일컬어 깨달음, 영성, 혜안이라고 부를 수 있을 것이다.

그리고 똥을 포함한 쓰레기의 존재 가치에 대해서도 다시 생각해봐야 한다. 세상의 모든 존재는 어떠한 목적에 쓰일 때 가치가 있는 것이 아니라 존재 그 자체로서 의미와 존엄성을 갖는다는 것을 생각해볼 때 똥을 하등 천대할 이유가 없다. 오히려 똥을 존귀한 존재로 보아야 할 것이다.

우리는 너무도 쉽사리 똥은 아무 쓸데가 없다는 생각에 똥을 천대시하지만, 오히려 잘못이 있다면 똥에게 있는 것이 아니라 똥을 엉뚱한 곳(수세식 변기)에 싸놓고 이를 처리하느라 애를 쓰는 사람에게 있는 것이다. 똥은 밭으로 가면 당연히 거름으로서 귀하게 대접받는 존엄한 존재인 것이다. 그렇기 때문에 똥이 똥으로서 온전히 제 역할을 다할 수 있도록 우리가 똥의 길을 터주어야 한다. 우리가 똥을 어떻게 다루느냐에 따라 똥은 애물단지 쓰레기가 되기도 하고, 소중한 자원이면서 제 역할을 충실히 하는 거름이 되기도 한다.

다만 똥은 냄새로 인해 부정적인 느낌과 생각을 갖게 되기가 쉽기 때문에 생태 뒷간도 설계 과정에서부터 적절한 환기와 악취 제거에 신경을 써야 할 것이다.

### 삶의 방식의 변화

똥에 대한 인식이 바뀐다고 해서 쉽사리 우리의 삶이 바뀌지는 않는다. 똥을 똥답게 대접하고 똥을 잘 활용하여 자연 순환의 고리를 끊지 않고 생태 원리에 맞는 삶을 살아가기 위해서는 삶의 방식 전반이 변화해야 한다. 생태 뒷간을 제대로 이용하자면 우선 삶이 느려져야 한다. 양변기에 걸터앉아서 용변을 보고는 물을 내려서 휴지와 함께 똥을 씻어버리는 간편하고 빠른 삶에서 한 박자 이상 삶의 속도를 늦추어야 한다. 생태 뒷간을 이용하는 것이 단순히 수질오염을 예방하고 똥을 거름으로 재활용하기 위해서만은 아니기 때문이다. 우리가 깨어 있다면 똥을 누는 순간에도 변의 색깔과 모양, 냄새를 보고 나의 건강을 확인하고, 이를 통해 나의 잘못된 식습관과 생활 습관을 점검하고 반성할 수 있다. 더 나아가서 단순한 배설의 기쁨을 뛰어넘어 음식에 대한 감사함과 내 몸을 통해 흐르는 자연의 섭리를 잘 살펴서 배설의 순간을 깨달음의 순간으로 승화시킬 수 있다. 그래서 사람이 살아가기 위해서는 먹는 것만큼 똥 누는 것이 중요하다고 했다.

용변 보는 순간 허겁지겁 바지를 내리고 안간힘을 쓰며 배변을 하고, 볼일을 다 본 다음 황급하게 뒷간을 빠져나가는 속도에 매인 삶의 방식이 우리 삶의 전반에 흐르고 있기 때문에, 우리가 제대로 된 똥 누기를 한다면 우리는 우리의 삶을 느리고, 단순하게 가져갈 수 있다. 이러한 단순하고 느린 삶은 더 많은 소비를 통해 행복을 추구하는 물질주의에서 벗어나 검소하고 소박한 삶으로 이어질 것이며, 더 많이 갖기 위해 안달하는 삶에서 현재의 삶에 만족하고 스스로 '충분하다'는 생각으로 느긋하게 미소 짓는 웃음이 뒷간 문틈으로 새어나오는 삶으로 나아갈 것이다. 어디 그뿐인가? 똥 누는 일을 정말 자유롭고 편안하고 행복하고 지혜롭게 하는 삶에서 우리는 복잡함보다는 단순함을, 많은 것을 독차지하는 삶보다는 이웃들과 나누고 물질과 에너지와 마음을 물결처럼 흐르도록 하는 삶을 연상할 수 있다. 이러한 여러 이득과 효과를 가져올 생태 뒷간에서의 똥 누기는 분명 불편함을 거부하고 편리함을 좇는 삶에서 벗어나 자발적으로 불편함을 즐기고 나누는 삶에서 시작되어야 한다. 이러한 불편함을 통해 내면의 성숙과 삶에 대한 통찰력이 깊어지고 가족, 이웃과의 대화가 늘어날 것이다. 그리고 똥을 밭으로 되돌리는 신성한 노동을 통해 신선하고 안전한 먹을거리까지 생산할 수 있게 될 것이다. 더욱이 똥을 자연으로 되돌리는 농부의 표정에서 떠올릴 수 있듯 자연과 교감하는 우리의 삶은 그야말로 깨달음의 과정일 것이다.

## 접근 방식의 변화

그리고 기술에 대한 접근 방식이 변화해야 한다. 똥이든 물이든 쓰레기든 한꺼번에 모아서 대규모 시설을 통해 처리하는 20세기의 대량생산, 대량 폐기의 방식에서 벗어나 최소의 규모로 영역을 좁혀서 발생원에서 에너지와 자원을 적게 쓰는 방식을 도입하고 자체적으로 처리하는 방식으로 옮겨가야 하는 것이다. 똥을 모아서 바다에 투기하는 것도 물질의 순환 사이클을 따르는 것이므로 문제없다는 주장이 있다. 똥의 유기물을 바닷속 생물들이 먹게 되므로 바다의 생산량이 늘어나지 않느냐는 주장이다. 그러나 지구 생태계는 대량의 똥을 바다에서 처리하여 순환시켜본 역사가 없다. 즉 해양투기는 이론적으로는 가능하지만 오랜 세월을 통해 만들어진 생태계의 순환 원리를 무시하는 것이다.

그리고 어떠한 문제든 그것을 어떻게 처리할 것인가를 생각하기에 앞서 왜 그러한 문제가 생기게 되었는가를 먼저 생각해야 한다. 똥으로 인해 하천 수질이 오염되고 바다가 오염되는 현상을 단순히 기술적으로, 정책적으로 해결하려고 덤벼들기에 앞서서 똥으로 인한 환경오염 현상이 왜 생겨났는가를 곰곰이 따져볼 필요가 있는 것이다. 땅의 순환 고리를 끊고 엉뚱한 곳에다 매듭을 연결시켰기 때문에 생겨난 문제라면 잘못된 매듭을 끊고 원래의 고리에 연결시켜주어야 한다. 그렇지 않고 단순히 기술 자체에 매달리는 경우 기술 맹신주의에 빠져서 오히려 기술의 효용성을 살리지 못하고 상황은 더욱 악화되기만 할 뿐이다. 그러한 실패의 역사를 우리는 지금껏 경험하고 있는 것이다.

이러한 측면에서 소비를 줄여야 한다는 앤드루 돕슨의 말은 시사하는 바가 크다.

> 지속 가능한 삶을 위해서는 자원 소모, 생산, 소비, 폐기물 모두를 감축하고 조정해야 한다. 그러나 이중에서 가장 중요한 출발점은 소비이다. 그 근거는 나머지 세 가지 조건들은 소비의 존재와 지속을 전제하기 때문이다. 소비는 소모를 의미하고, 소모는 생산을 의미하며, 생산은 폐기물을 의미하는 것이다(돕슨, 1998: 110).

이 소비를 줄이고 실천하는 것은 나부터 시작해야 한다. 세상이 움직이지 않아도 나라도, 나부터라도 해나간다면 분명 세상은 변하게 될 것이다.

## 생태 뒷간의 철학적 복원을 바라며

지금까지 살펴보았듯이 전통 뒷간에 대해서는 더럽고, 추하고, 지저분하다는 인식이 지배적이다. 그러나 전통 뒷간이 보여주고 있는 똥이 생명이 되고 밥이 되어 다시 똥으로 환원되는 과정은 단순히 퇴비를 매개로 이루어지는 일련의 순환 과정을 뛰어넘어 생명이 그 시작과 끝이 없음을 알려주는 동시에 하나의 순환 고리와 연계되어 있음을 가르쳐준다. 그것은 바로 자연과 인간을 이어주는 생태학적, 철학적 전망이라고 할 수 있다. 젠킨스는 이러한 입장을 다음과 같이 정리한다.

> 인분을 퇴비로 만드는 것은 바로 겸손의 실천이고, 겸손은 우리의 영혼을 강하게 만든다. 대지는 우리에게 우리의 아이들을 주고 꿈을 준다. 즉 우리에게 생명을 준다. 우리의 삶을 구성하는 모든 아름다움과 즐거움은 바로 대지의 가슴으로부터 뿜어져 나와 인간을 키우고 튼튼하게 만든다
> (Jenkins, 1999: 85).

젠킨스의 이야기는 앞에서 언급한 바와 같이 똥이 밥이 되고 밥이 똥이 되는 순환의 의미와 철학을 웅변하는 선언문과 같은

것이다.

　우리 인간이 대지와 자연과의 상생의 길을 모색하지 못하고 모든 생명에게 해충으로 작용하고 있다는 것을 우리 인간만 모르고 있다. 생명이 하나의 그물망으로 이루어져 있음을 깨닫지 못하고 그물을 만들기 위한 한 가닥 줄만 부여잡고 있는 형국인 셈이다. 우리는 지구를 둘러싸고 있는 대기를 통해 호흡하고 비옥한 대지에서 먹을거리를 공급받고 있다는 것을 절실히 느껴야 한다. 우리는 어머니의 자궁을 통해 지구의 생명체로 태어나지만 이는 흙, 공기, 바람, 태양과 물이 결합되어 나타난 살아 있는 생명체라는 인식이 필요하다.

　전통 뒷간이 보여준 생태학적 감수성은 우리가 지구와 함께 살아가야 할 공동체의 일원이라는 것을 깨닫게 해준다. 지구를 하나의 살아 있는 생명체로 인식한다면 대지를 대하는 우리의 태도에 대한 깊은 반성이 필요하다. 대지의 생명성을 중요한 가치로 인식하는 똥의 순환은 중요한 철학적 함의를 지니고 있다.

# 참고 문헌

김용옥·전경수, 1992, 『똥이 자원이다』, 통나무.
김지하, 1995, 『밥』, 솔.
돕슨, 앤드루, 1998, 『녹색정치사상』, 정용화 옮김, 민음사.
레오폴드, 알도, 2000, 『모래 군의 열두 달』, 송명규 옮김, 따님.
야마기시즘생활실현지문화과 편, 1999, 『자연과 인간이 하나가 되는 야마기시즘 농법』, 윤성렬 옮김, 야마기시즘실현지출판부.
윤용택, 2004, 「생태적 삶의 원형으로서의 '돝통시' 문화」, 경기대학교 소성학술원, 『전통사상과 환경』.
윤형근, 2002, 「밥·성만찬·발우 공양」, 『밥과 명상』, 모심과살림연구소.
이병철, 1994, 『밥의 위기 생명의 위기』, 종로서적.
이장미디어사업부, 2003, 『퍼머컬처 디자인』.
장일순, 1997, 「소박한 밥상」, 『나락 한알 속의 우주』, 녹색평론사.
젠킨스, 조셉, 2004, 『똥살리기 땅살리기』, 이재성 옮김, 녹색평론사.
한국불교환경교육원 엮음, 2003, 『밥과 깨달음의 길 발우 공양』, 정토출판.
Capra, F., 2002, *The Hidden Connection*, Doubleday.
Grant, N. et al., 2000, *Sewage Solutions: Answering the Call of Nature*, Powys: Centre for Alternative Technology Publications.
Haper, P. and L. Halestrap, 1999, *Lifting the Lid: An Ecological Approach to*

*Toilet System*, Powys: Centre for Alternative Technology Publications.

Holmgren, David, 2002, *Permaculture: Principles & Pathways Beyond Sustainability*, Holmgreen Design Services.

Jenkins, J., 1999, *The Humanure Handbook*, PA: Jenkins Publishing.

Molison, Bill, 1988, *Permaculture: A Designers' Manual*, Tagari Tagari publication.

Porto, D. D. and C. Steinfeld, 2000, *The Composting Toilet System Book*, MA: Center for Ecological Prevention.

Winblad, U. and W. Kilama, 1985, *Sanitation without Water*, Oxford: Macmillan Publishers.